紧急自我救助故事

孙灵芝·编著

吉林文史出版社

图书在版编目（CIP）数据

紧急自我救助故事 / 孙灵芝编著. —长春：吉林
文史出版社，2017.5
ISBN 978-7-5472-4182-0

Ⅰ.①紧⋯ Ⅱ.①孙⋯ Ⅲ.①自救互救—青少年读物
Ⅳ.①X4-49

中国版本图书馆CIP数据核字（2017）第107616号

紧急自我救助故事
Jinji Ziwo Jiuzhu Gushi

编　　著：	孙灵芝
责任编辑：	李相梅
责任校对：	赵丹瑜
出版发行：	吉林文史出版社（长春市人民大街4646号）
印　　刷：	永清县晔盛亚胶印有限公司印刷
开　　本：	720mm×1000mm　1/16
印　　张：	12
字　　数：	129千字
标准书号：	ISBN 978-7-5472-4182-0
版　　次：	2017年10月第1版
印　　次：	2017年10月第1次
定　　价：	35.80元

目 录
CONTENTS

被食物噎到要及时进行正确的自救

　　说到女生，大家都会不自觉地想到"可爱""文静""乖巧"这些字眼。可是本故事的主角和这些词丝毫没有关系，大家一提到她，总会咬牙切齿地说："那个吃货。"之所以带上这么愤恨的表情，是因为我们的女主角，不仅爱吃，会吃，还怎么都吃不胖！这一点让无数爱吃又怕胖的女生羡慕嫉妒恨到胃酸上涌，两眼发红。这位招人嫉妒的姑娘就是王小朋。

　　王小朋可以说是天生的吃货，对食物有着异乎寻常的执着。每到一个陌生的地方，她总能在最短时间内找到当地知名的小吃街，然后拖着行李便开始大快朵颐。用她自己的话说，她就是吃货里的战斗机，只要出马，必然弹无虚发。事实上也是如此，王

7

小朋在同学眼中，简直就是吃货界的百科全书。天上飞的，地上跑的，水里游的，只要是能入嘴的，王小朋都能说出以它们为原材料的地道美食，有时甚至还会附带着说说美食背后的故事。这样的人，不去做美食家实在是可惜了。

可是，就是这样一位传奇的吃货，却也有栽在美食上的时候。这是怎么一回事呢？话还得从两个多月前说起。

那天正好是星期五，是学校放假的日子。待老师一布置完作业，王小朋就迫不及待地背着书包冲出教室。终于可以吃到妈妈亲手做的饭菜了，王小朋边在心里欢呼边加快脚步。离家还有两条街时，王小朋就闻到了妈妈做的菜的香味。问她为什么这么肯定？开玩笑，那是她吃了十多年的妈妈最拿手的私房菜，这都闻不出来岂不是自砸"吃货王"的招牌。

嗯？貌似还有红烧排骨和水煮鱼的香味，而且锅里一定正焖着一只三黄鸡。这么多菜，难道家里来客人了？王小朋边想边推开家门，果不其然，客厅里坐得满满的，都是些叔叔阿姨。王小朋一看，都是爸爸妈妈的高中同学，过年的时候她和妈妈去参加过爸爸妈妈的同学会时见过。

王小朋边放书包边和众人打招呼。她长得乖巧，嘴又很甜，大家都夸她懂事。王小朋借口给妈妈打下手钻进厨房，她一进去便睁大了眼，口水都快流下来了。只见料理台上摆得满满的，都是难得一见的好菜。王小朋边帮妈妈洗盘，边小声对妈妈说："哟，女王大人，难得一见的慷慨啊，老同学来了就是不一样，好菜都出来开大会了。"妈妈笑骂一句，让王小朋洗手往外端菜。

待到了餐桌上，大人们边喝酒边追忆往昔，王小朋则忙着吃。瞅准目标，调好角度，一筷子过去，总能夹到自己最喜欢的那块。王小朋吃得欢时，坐在旁边的一个阿姨忽然开始和她说话，原来阿姨的儿子和王小朋一个学校的，想问她认不认识。王小朋边和阿姨说话边不住地往嘴里塞美食，心里还暗暗赞叹，果然是高手做的，厨艺能甩食堂大妈十条街。

这时另外几个叔叔阿姨也开始问王小朋话，原来王小朋现在已经初三了，马上就要考高中了。特殊时期大家总是特别关注。什么选文科还是理科啊，想去哪个高中啊，觉得有把握吗？这些问题早就被人问烂了，王小朋甚至都不用想便能给出答案。正说着，她又夹一块肉送到嘴里，哪知因为吃得太急，她居然被噎住了。这可真是阴沟里翻船啊！王小朋自上桌后便忙个不停的筷子一下掉在地上。她捂住喉咙，脸涨得通红。旁边的阿姨惊讶地问："小朋，你怎么了？"王小朋吃力地说："我噎住了。"

大家一听，都放下筷子，一个叔叔飞快地倒杯水给她，她摆摆手推开水杯。旁边的阿姨见她憋得脸都红了，便伸出手想帮她拍一拍，王小朋忙拦住她的手，小声说："不行，不能拍。"因为被食物噎到，她的声音都变了。不能拍，也不能喝水，这可怎么办？

大家一时都不知道该如何是好，王小朋的爸爸忙拿出手机拨打了120急救。大家都盼着救护车早点来，不然这么一直下去王小朋会越来越危险。就在众人不知所措的时候，只见王小朋慢慢走到一边，开始用力地咳，似乎是想把卡住的肉咳出来。可是她咳得汗都冒出来了，那块该死的肉还卡在那儿一动不动。王小朋眯着眼想了想，开始将双手按在上腹，然后迅速地往上施压，这样一直压到喉部时，只听"咔"一声，她终于将那片肉咳出来了。

王小朋畅快地舒了口气，说道："总算是咳出来了，差点被憋死了。"众人一见她没事了，也都放下心来。妈妈刚才急得眼圈都红了，现在见她没事了，上来就吼："你个死孩子吓死你妈了。"爸爸忙拿出电话取消了急救车。

大家又重新坐下来开始吃饭，叔叔阿姨们都好奇地问："小朋，你怎么知道那样压就可以把食物压出来啊？"王小朋边擦额头上的汗边说："哦，我平时喜欢看美剧，最近在追以医疗为题材的电视剧。其中有一集刚好讲的就是被噎住后的急救措施，我觉得挺有趣的，而且看着很简单，便认真记了一下。没想到今天就派上用场了。"大家这才恍然大悟，直夸王小朋机灵。

这时坐在她旁边的阿姨问："你刚才那一通捣鼓有什么名堂没，阿姨记下好告诉家里人。"其他的叔叔阿姨也问起来，其中一个叔叔表情特别认真，原来他家里有个小宝宝，刚会走，淘气得不行，不管拿到什么都喜欢往嘴里塞，吓得那叔叔一家24小时神经紧绷，生怕孩子磕着、碰着、噎着。如果能多学一点急救知识，就可以在一定程度上降低小孩受伤的概率。

王小朋想了想说："我之后在网上查过，刚才的急救方法叫'海姆利克氏'操作法，是一个美国人发明的简易急救法，专门用来急救被食物或者其他东西噎住食道气管的人。这个急救法在操作时分两种情况。如果病人意识是清醒的，抢救的人最好站到病人的后面，让病人坐着或者站着，然后抢救者用双臂将病人环抱，一只手握成拳，用拇指的关节顶住病人的肚脐以上的地方，然后用另一只手压在拳头上，往里面和上面推，快速地按压并向上推，注意推的时候不要用太大力，以免把病人的肋骨撞伤。这样连续推六到十次，如果食物还没有被咳出来，就隔几秒再继续推。"

叔叔阿姨听了忙点头表示记下了，又接着问："那要是人已经窒息昏迷了呢？"

王小朋喝了口水接着说："如果病人已经昏迷了，或者没有办法站着或坐着，那么施救者可以让病人仰躺在地上，然后骑跨在病人的髋部，按照刚才的方法推，直到食物被挤出来为止。当然我刚才做的是自救，毕竟不是每次被噎到周围都会有懂急救的人。一般来说，被食物噎到的人不会马上昏迷，这时病人一定要有效利用清醒的两三分钟来进行自救。病人要自救的话，就取站立姿势，抬起下巴，这样可以让气管变直，然后将肚子的上面靠在椅背的顶端或者栏杆的转角，总之要找个支撑点，然后用手对胸腔上方按压，这样也可以将食物挤出来。"大家都连连点头，直说现在的那个人不得了，懂得比他们这些老古董多得多了。

吃完饭后，取完"真经"的叔叔阿姨们纷纷告辞。王小朋正沉浸在众人的夸奖中飘飘然时，妈妈将她叫到屋里狠狠训了一顿，并勒令她好好反省，不然以后都不准碰零食了。王小朋不明白，自己今天的表现不错呀，有什么可反省的？看来，在王小朋真正明白吃东西要细嚼慢咽前，她不得不暂时和心爱的零食说再

见了。

自救小贴士

如果王小朋不会自救，而救护车又不能及时赶到，王小朋很可能因为食物噎塞而死掉。学习一定的自救方法固然重要，但更重要的是我们该学会防患于未然。自救虽然一定程度上让我们能够自保，但是事故的发生或多或少都会造成一定的负面影响。最重要、最基本的自救，其实是让灾难和危险没有发生的机会。那么在日常的就餐过程中，有哪些是需要我们需要注意的呢？

如果已经被食物噎到的话，要及时进行正确的自救。在这里要特别提醒的是，如果谁不小心被噎到了，千万不要去顺着拍那个人的背，这样很可能加重食管的堵塞，那么具体该如何急救呢。

这要视情况而定。

如果噎住的是一些小而硬的东西，可以用催吐的方法来进行急救：首先曲起那个人的双腿，用膝盖顶住他的心窝，让他面朝下，使头低脚高，然后再拍打那个人的背部，让他将东西吐出来。

如果这个方法不管用，那么可以从后面将那个人抱起，让他头朝下，然后用拳头顶住他的心窝，从下往上快速进行推压，这样可以造成人工咳嗽，让那个人将异物咳出来，也就是本文中王小朋所采用的方法。为了让那个人顺利咳出异物，这个推动的动作往往要重复很多次。

如果那个人仍旧没有办法呼吸，要迅速叫救护车，在救护车到来之前，让那个人平躺在桌子或者硬木板床上，对他进行人工胸外按压，次数要在100次以上。按压的部位在两胸乳腺中间略偏下的位置，每按压一次要快速放松，然后再压，反复操作。

如果噎住那个人的是软而且黏稠的东西，比如果冻、软糖、汤圆等，可以用以下方法来急救。让那个人侧躺，张开嘴，这时你如果可以看到噎在喉咙的东西的话，可以用手指帮忙抠出来；如果看不到，可以用食指用力地压住那个人的后舌根，这样可以帮他催吐。当然，这种方法仅限于软而且卡得比较浅的食物，如果卡得很深，还是需要用第一种方法，另外一定要及时叫救护车。

误食假八角

调味料可以让我们的菜肴变得更加美味，但是如果你放的不是调味料而是夺命草，那可能会直接害自己进医院。这不，张明就遭遇了这么一次"午饭惊魂"。

张明是个名副其实的肉食动物，从能吃饭就开始吃肉，如果餐桌上没肉，他虽然不至于赌气不吃，但是也会将好好的一顿饭吃得哀怨不已，逼着爸爸妈妈下一餐一定要做肉食。他最有名的口头禅是："我花了亿万年才终于站在进化链的顶端，可不是为了吃草。"

这样一个无肉不欢的人自从开始了住校生活就变得很哀怨，厨房大娘永远不会在菜里放很多肉，虽然菜单上写着红烧肉，打回来的菜却永远是满饭盒的土豆。这样的日子持续了一个月，到放假的那天，张明也到了极限。一放学他便给爸爸打了电话，问有没有做饭。张爸爸张妈妈很无奈，他们正上班呢，午饭都是在单位吃的，哪有时间做饭？

张明一听马上哀叫起来，张爸爸立刻妥协，让张明先去菜市场买些猪肉和调料，他们下班回家做饭。张明这才作罢，一掏兜，还有50块"大洋"，够买好几斤肉了。想罢他兴冲冲往菜市场跑去，到了菜市场，张明左看看、右看看，最后站在顾客最多的那家肉铺前。一番讨价还价后张明美滋滋地拎着3斤猪肉往回走。这么多肉，够做红烧肉和炒肉丝了，这么一想，张明的口水都不禁流了下来。

刚走出菜市场，就听一个小贩在扯着嗓子喊："八角啊，八角便宜卖啦，4块钱半斤啊，做菜炖汤都可以用啦。"张明一听，4块钱就半斤，挺划算的嘛，虽然不太清楚八角的市价，但是肯定比爸妈买得便宜，上次和妈妈一起逛超市，那么一小袋就花了四块钱呢。要是买上半斤，够吃上一年半载。这么一想，张明溜溜达达走到那小贩的摊位前，摊位上果然放着好几大袋八角，只是和妈妈上次买的比起来要碎一些。

张明故意皱起眉头问："你这八角怎么这么碎啊？"那小贩边给他扯方便袋边说："这是装的时候压碎了，我这可都是好八角，可入味了，那完整的八角煮着煮着还不是会散。放心，这不影响味道。"张明想想觉得好像是这么回事，又问能不能便宜些。那小贩一开始坚持说已经很便宜了，不能再少了，之后见张明想走，便一咬牙满脸懊恼地说可以再便宜5毛，不能再便宜了。张明一听，便笑眯眯地在小摊上买了半斤八角。殊不知，他以为占了便宜的这半斤八角却差点要他的命。

张明拎着肉和调味品回到家，爸爸妈妈都还没下班，张明将买的菜放进厨房就开始看电视。看了一会儿，他看看墙上的挂钟，早过了爸妈下班地点了，可是还不见他们的人影。正纳闷，爸爸的电话打回来了，原来他们临时要加班，两个小时后才会回来，让他饿了先去外面的小馆子点菜吃。张明挂掉电话后打开钱包一看，只剩5块钱，就够买碗素面。他叹息一声，倒在沙发上掏出手机乱按起来。这时他忽然看到自己下载的菜谱小软件，这是他在学校时用来"望梅止渴"的。他灵机一动，与其等爸妈回来做菜，不如自己来做。想罢，他打开软件，找到红烧肉的做法，兴冲冲跑进了厨房。因为从来没做过菜，张明在厨房里出尽洋相，不过结果还不错，一个半小时后，他还真照着菜谱上的方法做出了红烧肉，用的就是自己买的材料。菜出锅的时候，满屋子的香味，张明乐坏了，给爸妈留一份儿，自己拿着一碗红烧肉就着白米饭三两下就吃完了，连肉汤都拌着饭吃完了。也许因为是自己做的，张明觉得今天的菜格外好吃，他摸摸吃得圆滚滚的肚子，满足地躺在沙发上眯着眼养神，不知不觉便睡着了。

睡得正沉时，张明忽然觉得腹部传来一阵剧痛，他被疼醒了，额头上都是汗。他冲到洗手间想吐，却吐不出来。渐渐的，他觉得全身无力，心知不妙，忙打电话拨了120，说明家里的住址。之后，张明又拨通爸爸的电话，电话一接通他忙吃力地对爸爸说："爸，我中毒了，你快回来。"说完便挂了电话，然后支撑着打开屋门，之后他眼前一黑，倒在地上。救护车赶到的时候有邻居守在小区门口，一见到医生忙带他们到张明家，大家将昏迷的张明抬上救护车。

原来爸爸接到电话后以为是煤气泄露，就打电话给小区的居委会，让他们去家里看看，要是情况不对就快点报火警。居委会的阿姨跑去一看，门开着，张明倒在地上口吐白沫，家里并没有煤气味，猜测是食物中毒。恰好这时救护车也来了，大家及时把张明送到医院。

张明再醒过来时已经是第二天了，幸亏他当机立断打了电话，不然他很可能不声不响就死在家里了。医生诊断后说张明的确是中毒，而且是食物中毒。张明和爸爸妈妈都不明白，怎么会食物中毒。家里的米是乡下的奶奶带来的新米，不可能有问题；肉也是在出了名的放心肉铺上买的，那家肉店爸爸妈妈经常去，从来没听说出过这种事；昨天家里也没别人，不可能有人投毒啊。那究竟是什么有毒？

大家百思不得其解，爸爸索性将张明昨天做的饭菜和张明吃饭用的碗筷全都带到医院，让医生帮忙检查。这么一查立即揪出了"罪魁祸首"，"犯罪"的正是张明贪便宜买回来的八角。

爸爸不解："这八角怎么了？混了化学原料吗？"

医生摇摇头："什么啊，你儿子买的这个根本不是八角，是莽草。"

"莽草？"张爸爸还是一头雾水。他拿起一颗"八角"左看右看，也看不出有什么异样。明明就是八角啊，哪里长得像草了？

医生对他说："你这样看当然看不出区别，八角是有八瓣的，而莽草一个有十多瓣，八角的瓣尖钝一些，莽草的瓣尖要尖很多。八角一般八个瓣都长短比较均匀，莽草那些瓣长短不一。不过一旦弄碎了，一般人的确看不出来。八角是调味的法宝，莽草可是夺命的阎罗啊。还好你儿子做菜时放得不多，不然就救不回来了。"张爸爸听了，看着锅里那些小小的恶魔，惊出一身冷汗。

回到家后，张爸爸张妈妈拿出张明买回来的"八角"一看，满满一袋中，全是碎了的莽草，中间掺杂着几个完整的八角，估计是用来引人上钩的。他们气坏了，这不是谋财害命吗！想到这，两人分头行动，一个去工商局揭发，一个跑到菜市场外找到卖莽草的小贩将他扭送到了派出所。

打这以后，张家人在买菜时变得格外谨慎，就是一棵葱也会去正规的农贸市场买。买八角时更是如此，再也没有贪便宜乱买菜了。这之后张明又学着做了不少菜，但再也没有出现过食物中毒的情况。

自救小贴士

虽然长得很相似，但八角和莽草的实际用途可就千差万别了。若不留意，真的很容易出事。看了本文，你学会分辨八角和莽草了吗？其实在我们的日常生活中，接触到的有毒植物还真不少，而且它们往往和可食用的植物长得像孪生兄弟一般，叫人分不清楚，若误采误食，便会给人们的生命健康造成危害。

比如金银花和钩吻就是一对经常被人弄混的"伪双胞胎"。

"钩吻"这个名字大家也许不熟悉，但是它的别名大家一定都听过，就是：断肠草。相传，尝百草的神农氏就是因为误服断肠草中毒而死。断肠草和解毒良药金银花长得很像，都开黄色小花，花期也相近，都是在冬春时节开花，而且都是藤蔓植物，在我国南方都有生长。有时候两者甚至会缠绕在一起，你的花粉蹭在我的花瓣上，我的花粉也往你的花瓣上蹭，不仅让人分辨不清，还让原本无毒的金银花也带上了毒性，真是叫人防不胜防。

不同于金银花消暑解毒的功效，断肠草可真能要人命。那我们该如何区分这两种作用完全不同的药材呢？

这两种花说起来相似，其实仔细观察的话，还是很容易发现它们的不同点。

首先，两者的叶子不同。断肠草的叶子是革质叶，叶面十分光滑，就像皮革一样；金银花的叶子则是纸质叶，叶面没有什么光泽，还比较粗糙。

其次，两者的花不一样。断肠草的花要么长在藤蔓顶端，要么长在分叉上，往往是很多小花合成伞状；而金银花不会长在藤蔓顶端，往往是两朵小花成双成对出现。

最后，两者所开的花的形状和颜色也有差异。断肠草的花是黄色的，花呈漏斗状；而金银花的花最初开的时候是白色的，开放一两天后会变为金黄色，花次第开放，渐渐就会形成黄白相衬的景致，这也是它被称为"金银花"的原因。

在采摘金银花的时候，仔细辨别，按照以上三点区别，相信大家可以轻易分清谁是金银花，谁是断肠草。

食用变质的食物

　　节俭一直是中华民族的传统美德，这一点在老年人身上体现得格外明显。老人们辛苦一辈子，到老了仍旧舍不得吃舍不得穿，"小气"得要命。然而他们的小气往往只针对自己，对于儿孙却十分慷慨，这样的"小气爷爷"，金小鱼就有一个。

　　这天金小鱼一回到家，就见妈妈正在厨房做菜，料理台上摆得满满当当，小鱼好奇地问："妈妈，有谁要来吗？"

　　妈妈边用小勺子捞排骨汤上的血沫边说："你爷爷上午打电话说今天会过来，你爸已经去车站接了。过一会儿就该回来了。"

　　金小鱼边放下书包边笑着说："原来是'小气爷爷'要来了啊。"

　　小鱼妈妈扬扬手中的汤勺，"胡说什么呢！不准没礼貌，爷爷到了要乖乖叫'爷爷'，你要是敢喊他'小气爷爷'，小心你爸揍你。"

小鱼吐吐舌头，拉长声音说："知道啦。"

其实知道爷爷要来，小鱼是非常高兴的。他先到储物间给爷爷找了一双拖鞋放到玄关，又拿出掉了瓷的老土搪瓷茶杯，用开水洗干净消毒后放到桌子上，然后呼哧呼哧跑到客房将簇新的床单被罩换下来，换上已经磨得薄薄的还有补丁的旧铺盖。等做完这一切，小鱼满意地笑了，边看电视边等爷爷和爸爸回来。

之所以将爷爷要穿要用的都换成旧的、破的，可不是小鱼小气，而是不这样，爷爷会各种不自在、不习惯。因为爷爷是个十分节俭的人，如果旧的东西能用，就一定会物尽其用。

夏天的时候，爷爷总穿着那件薄薄的快成纱的汗衫。小鱼觉得从记事起爷爷就穿着那一件，现在小鱼已经上初中了，爷爷还是穿着那一件。明明爸爸和叔叔都在城里买了房，也经常说要给爷爷盖新房、换新电视、买新衣服，或者干脆将他们老两口接到城里住。可爷爷就是不肯，劝得急了，还会跳着脚骂儿子们浪费，忘本不孝顺，搞得大家现在都不敢提这些。背地里，小鱼和堂兄堂姐都叫爷爷"小气爷爷"，虽然每年他们都会从爷爷那里得到丰厚的压岁钱，但爷爷小气的形象在脑海中已根深蒂固。

小鱼也曾问过爸爸为什么爷爷那么小气，爸爸说那是因为爷爷小的时候受过穷，挨过饿，还差点饿死，所以才吝啬异常，看不惯别人浪费，尤其是浪费粮食。小鱼似懂非懂，却忽然觉得爷爷的形象变得高大起来。虽然他是一个小气的爷爷，但也是一位令人尊敬的爷爷。

现在，小鱼最喜欢的"小气爷爷"就要来了，这一次"小气爷爷"用的都是旧的、破的，应该会多住一阵子吧。每年只能过年过节的时候才有空去看爷爷奶奶，小鱼很想念他们。

这么胡思乱想着，门外传来说话声，那个正在严厉数落爸爸的声音小鱼太熟悉了，正是"小气爷爷"！小鱼一把扔掉手里的遥控器跑到门口去接爷爷。爷爷是一个身材魁梧的老人，虽然已是满头白发，双眼却炯炯有神，面色十分红润。

小鱼忙拿着旧布拖鞋给爷爷换，他一边将鞋放在老人脚边，一边甜甜地喊道："爷爷！"

老人一见孙子也顾不得教训儿子了，原先板着的脸一下松了下来，只见老人笑眯眯地回道："唉，小鱼又长高了。爷爷给你带了新鲜的玉米，到时候让你妈煮给你吃。"

小鱼忙乖巧地接过爷爷背上的大布袋，打开一看，果然有不少新鲜玉米，有的还带着露水，应该是爷爷一大早下地去摘的。另外还有带着土的红薯和一个大南瓜，各种新鲜的吃食装了满满一袋。小鱼根本拎不动，爷爷却一路背来，肯定累坏了。想到这，小鱼忙放下手中的布袋把爷爷拉到椅子上坐下，然后给他揉肩敲背。老人舒服地喘了口气，眯着眼直笑。

爸爸笑着给爷爷泡茶，用的正是小鱼特地放在桌上的破搪瓷杯。爷爷接过一看，笑了："还是这个用着惯。"

小鱼趁机说："爷爷，这次来了就多住几天吧，小鱼可想你了。等我放暑假了，您和奶奶一起来，住个十天半个月的，我带你们到处逛逛。"

爷爷摸摸胡子："嗯，也好，正好现在不是农忙时。"

小鱼见爷爷松了口，和爸爸对视一眼，两人眼中满是惊喜。

这时妈妈也做好菜了，在厨房喊开饭。小鱼跑到厨房去端菜，边取菜边向妈妈汇报好消息。妈妈一听也很高兴，爷爷难得来一次，多待几天也好。一家人说说笑笑吃完饭，小鱼带着爷爷下楼去散步，妈妈忙着收拾餐桌，爸爸则打开电脑开始和网友下象棋。

待小鱼和爷爷散步完正往回走，在路上迎面遇上急匆匆的爸爸。原来爸爸妈妈的单位来电话说临时有紧急任务，让他们去加班，爸爸正要去找小鱼他们。爷爷听了一挥手，"那你还在这做什么，还不快去？"爸爸仔仔细细交代了一番后，才和从后面追上来的妈妈一起离开。爷爷看着爸爸妈妈远去的背影，皱着眉头说："你爸刚40出头，怎么变得这么啰唆了。以后老了肯定是个讨人厌的老头子。"小鱼连连点头表示赞同，两人相视而笑。

当晚爸爸妈妈一直在单位加班没有回来，小鱼和爷爷关好门窗后各自安睡，一夜无话。第二天小鱼起床的时候，爷爷早就起床了，正在洗手间洗衣服。小鱼对爷爷说用洗衣机多好，自己洗多麻烦。爷爷摇摇头说浪费电，还是自己洗得比较干净。小鱼无奈，只得由着他。

吃完早点后小鱼和爷爷一起下棋，你来我往不知不觉一个上午就过去了。到了中午小鱼觉得饿了，他不会做饭，爷爷又不会用厨房里那一堆"高级"厨具，小鱼便提议去外面吃。爷爷直摇头，"家里这么多菜，去外面吃什么。"妈妈昨天的确做了不少菜，没吃完的就放在冰箱里，放不下的就放在餐桌上。小鱼忙拦着："爷爷，现在天热这菜说不定都坏了，吃了会拉肚子的，我们还是去外面炒两个小菜吧，也不贵。"老人执意要在家里吃，还拿着筷子将菜都试了试，说没有变味，热热就能吃。小鱼没办法，只好帮爷爷开电磁炉让他热剩菜。因为菜有的剩得多，有的剩得少，爷爷干脆将剩菜一起倒进锅里来了个乱炖。

待菜上了桌，小鱼看着不同食材都挤在一个碗里，有些不敢下筷子。爷爷倒是不在乎，端着碗大口吃了起来。小鱼夹起一块肉，小心地咬了口，觉得有些酸了，便劝爷爷别吃了。哪知爷爷手一挥，"这有什么，我吃着挺好的，爷爷这辈子树根都吃过，这算得了什么？你觉得别扭就少吃点，这菜爷爷包了。"小鱼没办法，只好任由老人将剩菜一扫而光，自己则只吃了一点点剩菜和一大碗白米饭。

待吃完午饭后，爷爷在屋子里慢慢溜达，小鱼则将碗筷都放到洗碗机里清洗消毒。爷爷的行为他也能理解，这么多菜都是花钱买的，妈妈也用了不少时间来做，扔掉是有些可惜。可是现在天热，菜很容易馊掉，人家都说隔夜菜不能多吃，要是爷爷吃出个什么好歹可怎么办啊？小鱼将碗放好后，见爷爷正精神抖擞地看书，稍微放心了一点。

不知不觉一老一小都困了，便在客厅里睡午觉。小鱼正睡得迷迷糊糊，忽然听到一阵呻吟声，他睁开眼，就见爷爷正捂着胃，似乎想吐，但又吐不出来。小鱼一下清醒了，他忙起身，"爷爷你怎么了？"老人脸色发白，说肚子不舒服。小鱼细想一下就知道是因为吃了那些变坏的剩菜,小鱼忙跑进厨房给老人倒了杯温开水，让他喝下后扶他躺下，然后用手轻轻给爷爷揉肚子。

家里虽然有胃药，小鱼却不敢随便给爷爷吃。过了一会儿，爷爷要去厕所，上了趟厕所老人好多了。小鱼稍微放下心来，拿着钱包就要送爷爷去医院，老人连连摆手，"我都没事了，还上医院做什么，费钱。"小鱼下定决心，这次可不能再任由爷爷"胡闹"了，现在虽然好了，要是待会儿身体又不舒服怎么办！这么大年纪的人了，经不起折腾，还是干脆去医院检查检查的好。这么一想，小鱼死拉活拽，连哄带"威胁"地将爷爷拉到了附近的医院。

挂好号小鱼带着爷爷去检查，这时爸爸的电话打来了，原来爸爸妈妈一回家发现祖孙俩都不在家，便问他们上哪儿去了。小鱼刚说他们在医院，爸爸就在电话那头急得喊出来了："怎么上医院去了？爷爷受伤了，还是你？你们在哪家医院？爸爸这就过来。"小鱼刚说他们所在的地方爸爸就挂掉了电话，想来正往这边赶。

小鱼继续带着爷爷去找医生，医生给爷爷做了检查，说是已经没什么大碍了，不过以后要注意，别再吃已经馊掉的东西了。小鱼听医生这么说，也放下心来。爷爷不满地嘀咕："我就说没事了，你偏要来，这不是浪费钱么。"

这时一个声音从门口传来："至少能买个心安，我跟你说了多少次，不要省不要省，该买的买，该吃的吃，你就是不听，现在好了吧。"原来爸爸已经赶过来了，一边喘气一边对爷爷发脾气。小鱼吃惊地瞪大了眼，爸爸最尊敬爷爷了，现在居然冲爷爷发脾气，看来真是气坏了。爷爷想说什么，爸爸一把打断："反正已经到医院了，干脆好好做个全身检查。"

爷爷一听不干了，全身检查，那不得费很多钱，他急匆匆地想往外走，却被爸爸一把拽住。最后爷爷拗不过爸爸，只得气呼呼地去做检查。一顿折腾下来，大家都累了，回家耐心等报告。

回去的路上爷爷一直板着脸，不理爸爸，爸爸叹了口气："我知道你心疼钱，但有些钱还是要花的。你和妈在乡下，医疗条件不好，你病了又喜欢硬扛，要是哪天真的不舒服，我们就是赶回去也要时间啊。你又不喜欢城里，要不是乡下空气好环境好，我们真不会让你们待在老家。你检查一下我们也放心，省钱是好事，但也不是这么省的，你年纪大了，虽然看着还硬朗，可还是大不如前。你吃得好，穿得暖，才能长命百岁啊。下次妈来了我也会带她去做检查，爸，你服老吧。你的儿子能挣钱了，不是小时候一家人吃不饱穿不暖，需要你省口粮来养活一大家子人。给你钱你就花，钱这东西生不带来死不带去的。"爷爷别着头不理他，但是小鱼偷眼一瞧，爷爷脸色缓和了不少。

回到家爸爸拿出不锈钢玻璃杯给爷爷沏茶，边沏边说："布拖鞋和旧毛巾你用我没意见，但是那个搪瓷缸子不许用了，那个已经生锈了，泡茶喝对身体不好。还有，以后绝对不许吃隔夜菜了，就算没坏也不许吃。那个里面有亚硝酸盐，吃多了会得癌症的。你要是得了绝症我不会放着不管的，倾家荡产也给你治，你要是想让我倾家荡产就吃吧。"爷爷一口茶差点喷出来："你！"小鱼和妈妈捂住嘴偷笑，还是爸爸技高一筹啊。

过了两天爷爷的检查报告出来了，没病，大家放下心来。

爷爷见没事，便又吵着要回乡下，这两天他被爸爸数落得早浑身不自在了。临走前爸爸给爷爷钱，老人说什么也不要，爸爸一瞪眼。"那我给妈，你给我带回去。"爷爷别别扭扭地接过来，和小鱼打过招呼后，拎着大布袋和爸爸一前一后出了家门。

回家后，老人一开布袋，愣住了，里面放着两个高级的保温杯，几条雪白柔软的毛巾，两条轻薄的蚕丝被，还有小鱼写的小纸条：给爷爷奶奶用。我有时间就回来看你们。

爷爷眼睛湿润了，笑骂道："这爷俩！"

当晚老人盖着散发着芬芳的新被子，觉得梦都变美了。

自救小贴士

你家里是不是也有这样一位别扭又可爱的老人呢？中国人向来有勤俭节约的好品质，这是中华民族的优良传统，应该传承下去。但是为了省钱去吃坏掉的食物这种省钱方法是不可取的。食用变质的食物可能会引发急性肠胃炎，对于老人和小孩来说拉肚子很容易造成虚脱。明明是为了省钱，结果要花更多钱来治病，是得不偿失的。那么我们在误食了变质食物后身体不舒服要怎么自救呢？

1.多喝加了少量盐的温开水，暂时不要吃东西，如果家里有氧氟沙星，看说明书吃药。如果仍旧不舒服，就要前往医院就医。

2.如果觉得想吐却吐不出来，可以用手指抠喉咙催吐，将变质食物吐出来后，人也会好受很多。

进入眼睛里的"84"消毒液

院子里，一群烫着卷发的中年阿姨坐在树荫下闲聊，东家的张阿姨边织毛衣边说："我家小芬昨天晚上给我做了一桌子菜，我和她爸一尝，味道还不错呢。女儿真是没白养。"西家的陈阿姨接口道："可不是嘛，当初我生我们家茵茵的时候，她奶奶的，现在呢，老太太瘫在床上，每个月是谁带着水果去看她，是谁坐在床边给她讲笑话？她宝贝的那些个男孩子，有哪个去看她，还不只有我们茵茵去。"南家的王阿姨也说："是啊，如今觉得还是生女儿好，女儿是爹妈的贴心小棉袄。你们看看，我脖子上围的围巾就是我们家宝贝给织的。我和她爸一人一条，又好看又暖和。"其他几个阿姨自然也是一阵好夸。只有北家的刘阿姨闷头择菜，一声不吭。有什么好说的呢，她生的是儿子，是个不会做饭菜、不会织围巾的儿子。

　　收拾好菜后刘阿姨告别众人转身进了自家屋子。虽然自己的孩子也是好孩子，但是刚才听别家的妈妈那么说，她心里也有些不是滋味。她儿子刘阳跟他爸一样，在家从来不做家务，什么事都推给她这个妈，平日她倒也没觉得有什么不好，但是今天听别人说闺女如何听话如何懂事，她就觉得不舒服了，认为刘阳一点也不心疼她这个当妈的。

　　吃晚饭的时候，刘阿姨就对着刘阳说左右芳邻家的闺女如何懂事听话，还说王阿姨今天戴着女儿织的围巾显摆得不行。刘阳满不在乎地随口说道："闺女再好又怎么样，还不是给别人家养的，关键时刻还得靠儿子。"这话彻底激怒了刘阿姨，她"啪"一声放下筷子，冲刘阳吼道："你说什么！"然后不等刘阳父子反应过来就冲回房间重重地关上房门。刘阳和他爸爸面面相觑，刘阳小声问道："我妈今天是怎么啦？"刘阳爸爸摇摇头，摆摆手说："没事，咱们先吃，你妈可能今天手气不好。"这时的刘阳父子二人还不知道，一场"大灾难"即将来临。

　　第二天，刘阳一起床就觉得怪怪的，他挠挠头左看右看终于知道哪里不对了，今天妈妈没有叫他起床。他一看墙上的钟，早自习都已经过了一半，今天可是"灭绝师太"的早自习啊，刘阳哀号着穿好衣服背起书包就往外冲，连早饭都来不及吃。事实上，刘阿姨今天也根本没做早饭。中午一回家，刘阳就往厨房里钻，"妈，今天做了什么好吃的？"回应他的，只有干干净净的锅碗瓢盆和空空荡荡的冰箱，没有任何吃的。刘阳不解地从厨房走出来，问在隔壁打牌的刘阿姨："妈，饭在哪儿啊？"刘阿姨连眼皮子都没抬一下，淡淡地说："没有，我没做饭。不仅今天没有，以后也没有，你饿了就自己想办法吧。"刘阳张大了嘴巴，这，为什么忽然就不给饭吃了呢？

他稳稳神，看着神情自若的老妈，只觉得丈二和尚摸不着头脑。想了想，他跑回屋里给爸爸打电话："爸，你和妈吵架啦，妈今天中午气得连饭都没煮，还说以后都不做饭了。"

刘阳爸爸在那边长叹一声："她哪里是不煮饭啊，今天早上我的衬衫她也没给烫，我估计昨天咱俩换的衣服她也没洗。我现在有事，你去哄哄你妈。"说完就挂了电话。

刘阳到洗手间一看，果然，昨天换的脏衣服都堆在那里，妈妈自己的衣服倒是洗了，整整齐齐挂在外面晒着。刘阳走到隔壁张阿姨家，一把搂住他妈妈："妈，说，我爸怎么欺负你了，你告诉我，等他回来我帮你出气。"

刘阿姨一把拍掉他的手，"刘阳我告诉你，你爸这次是被你连累的。你自个儿好好想想错在哪里了，想明白了再来找我。"

刘阳一听这话更是一头雾水："我做什么了？"

不过他也没时间多想，眼看还有一个半小时就要上课了，还是去外面吃点东西赶紧上学去。就这样，刘阳带着满肚子的疑惑来到学校。

趴在桌上迷迷糊糊睡了一会儿后就上课了。整个下午刘阳都在想自己到底做错什么，让老妈生那么大的气，都没有好好听课。但他怎么也不明白自己到底做错了什么，一时情绪很低落。

下课的时候他将自己的不解讲给同桌听，同桌是他最好的哥们儿。同桌听了也大惑不解，然后同桌开玩笑地说道："你妈是不是到更年期了，据说更年期的妇女都不可理喻。"刘阳一听不高兴了，心说："我妈哪有那么老。"他没好气地说："你才更年期呢，我妈年轻得很。"

这时坐在刘阳前面的女生转过头来说："我知道你妈怎么回事？"

刘阳和同桌都睁大了眼，忙请她赐教。女孩儿清了清嗓子，说："简单来说，就是你妈嫌弃你了。"

刘阳一听就笑了，说："拉倒吧，我妈疼我还来不及呢，怎么会嫌弃我？"

女孩儿白了他一眼，问："你会洗衣做饭吗？"刘阳摇摇头。

女孩儿又问："你平时在家帮你妈做家务吗？"

刘阳又摇头，还没好气地说："我又不是丫头，做那些干吗？"

女孩儿听了这话冷笑一声："丫头怎么了？妇女还能顶半边天呢！谁说家务就一定得女孩来做啊。你看看你，四体不勤，五谷不分，这么大的人了，在家连酱油瓶子倒了也不知道扶一下吧。什么事都推给你妈，你妈是性格好憋到现在，要是我妈，早在800年前就回娘家了，让你们自己弄去。"说完女孩儿没好气地转过身，留下刘阳和同桌大眼瞪小眼。刘阳很想反驳，却什么都说不出来。

刘阳冷静下来想了想，觉得女孩儿说的没错，自己的确不怎么做家务，昨天妈妈说别人家女儿的时候，话里话外都透着羡慕。是自己太粗心了，不仅没能领会她话里的意思，还说了那么一句，难怪妈妈会当场翻脸。这样一路想下来，刘阳的心也落下来了。既然找到了原因，回去后就学着做家务，妈妈就不会生气了。

放学后刘阳发现爸爸正坐在家里等他呢，厨房里仍然是冷锅冷盘。刘阳爸爸一见儿子回来忙起身说："你妈是铁了心要饿死咱们爷俩。算了，你洗洗手爸带你去外面吃。"刘阳一摆手，说道："我知道怎么回事了，咱们今天就在家吃饭。"爸爸一脸不解道："那你妈是怎么了？还有，在家吃饭，说得轻松，咱们在家吃什么啊？"刘阳拉着爸爸嘀嘀咕咕一通后，爸爸点头叹息着说："你说得对，这些年你妈受累了，咱们是该分担点。好吧，今晚咱们就在家吃饭，我来做，你去收拾屋子洗衣服。"刘阳忙敬了个军礼，"是，长官。"

父子俩就分头行动了。

这边刘爸爸在厨房里忙活起来，那边刘阳颠儿颠儿地跑到洗手间打算先把昨天换下来的衣服洗了。他将衣服都扔到盆里，拿块透明皂就开始搓。正搓得起劲儿，刘阳就看到爸爸的白衬衫上有块油渍，怎么搓也搓不干净。他左右看看，忽然看到洗漱台下放着一瓶"84"消毒液，他记得这玩意儿可以漂白。刘阳嘿嘿一笑，跑过去将消毒液拿起来，拧开盖子倒些在白衬衫上，这时他想起自己也有一件白T恤泛黄了，干脆一起漂白了。这么想着，他就将"84"消毒液放在一边，转身跑回房间一通乱翻，终于在衣柜最下面把那件衣服翻出来了。刘阳

37

笑呵呵地拿着衣服往回跑，经过沙发的时候，看见沙发上放着妈妈的一件打底衫，哇，这衣服都泛黄了，妈妈好节俭啊。刘阳看着那件衣服一阵心酸，把妈妈这件衣服也一起漂了吧。不过，这件衣服黄得好均匀啊。

终于将所有的衣服都泡在"84"消毒液里，刘阳擦擦额头上的汗，真累啊。他扭头打量了一下浴室，浴缸和坐便器也应该清洗了。老爸貌似还需要一段时间才能做好饭，干脆来个大扫除好了。说干就干，刘阳找来洁厕灵，又拿出"84"消毒液，开始冲洗坐便器。还别说，这洁厕灵和"84"消毒液还挺好使的，刘阳只是倒了一点刷了刷，马桶马上就变得干干净净了。刘阳立即觉得心情舒畅，刷得更卖力了。

哪知他用力过猛，一些"84"消毒液飞溅出来，有一滴正好溅到他眼中，刘阳顿时觉得眼睛一阵火烧火燎地疼。他捂住眼睛大喊一声，正在厨房忙活的爸爸听到喊声忙跑了出来，看着刘阳捂着眼睛，忙问："怎么了？怎么了？"刘阳捂着眼，痛苦地说："'84'消毒液溅到眼睛里去了。"刘爸爸一时不知道该如何是好，只好扯着嗓子喊刘阿姨回来。

刘阿姨在隔壁听到自己家大的喊、小的叫，不知出了什么事，忙扔下牌跑回来。一见刘阳倒在洗手间里，打翻的"84"消毒液泼了一地，刘阿姨便明白是怎么回事了。她忙指挥刘爸爸将刘阳抱到沙发上，让他将刘阳的头枕在沙发的扶手上，又拿了个洗脸盆放在地上。然后，拿着一瓶矿泉水来到刘阳身边。刘爸爸按照刘阿姨的指示托起儿子的头，用一只手轻轻地翻开他受伤眼睛的眼皮，刘阿姨用水给刘阳慢慢地冲。大概冲了一刻钟，刘阳觉得眼睛好多了，方才的刺痛感也消失了。刘爸爸见儿子不难受了，才放下心来。刘阳见妈妈一脸心疼，忙说："妈，我以后帮你做家务，你别生气了。"刘阿姨看着儿子，露出了欣慰的笑容，孩子长大了，懂事多了。

然而，刘阿姨的好心情并没有持续很久。当她看到被弄得乱七八糟的厨房时，心情指数开始下降；当她看到刘阳房间的衣柜开着，衣服扔得满地都是时，她的心情指数持续走低；当她看到刘阳泡在洗衣盆里的那一堆衣服时，心情指数降到最低。那个混账小子不仅把容易脱色的衣服都放在了一个盆里，还把她最喜欢的复古小开衫给漂白了！

当晚，刘阳和他老爸被刘阿姨骂得狗血淋头。刘阳不明白，为什么错的总是他？不做家务挨骂，做家务也挨骂，"半边天"的心真是不可捉摸啊！当然，刘阳是不会承认自己做错的，错的不是他，而是那瓶该死的"84"消毒液！

自救小贴士

日化产品在人们的日常生活中占有很大的比例，我们用的洗衣液、洗发水、沐浴露等都属于日化产品。这些日化产品都具有一定的酸性或碱性，有的甚至带有强碱性。这样的物质进入眼中，会给眼睛带来伤害。这个时候我们该如何进行自救呢？一般情况下，这些产品都会在包装上附上相关提示，比如：不慎入眼后要用大量清水冲洗。那么清洗时要注意哪些问题呢?

1.冲洗时,让患者侧卧,使患眼向下;使患者的眼睛睁开,如果患者因为疼痛无法睁眼时,施救者可以用手协助将其眼皮扒开。

2.一定要用清水冲洗,冲洗的时间至少要在10分钟以上。如果患者的伤势十分严重,要在冲洗后迅速将其送往医院进行救治。

被蚂蟥叮咬

　　自从看了电影《暮光之城》，苏情就彻底迷上了吸血鬼。英俊精致的外表，优雅的言谈举止，永不苍老的容颜和宿命的孤寂……其中任意一点都足以让一个情窦初开的少女怦然心动。"要是我是女主角就好了"，看着屏幕上演绎的唯美爱情，苏情不止一次这样想。然而那毕竟是编出来的故事，离她很远。为什么中国就只有难看的跳来跳去的僵尸啊，一点都不浪漫。苏情躺在床上哀怨地滚来滚去。这时就听妈妈在楼下喊："情情，你收拾好了没？我们要出发了。"

　　好不容易放个五一长假，妈妈不带她出去旅游也就罢了，还不准她窝在家里尽情看电影，死活要带她去访友，顺便体验体验生活。苏情一瘪嘴，什么体验生活，不就是去她多年没见的大学同学的老家帮着插秧嘛，一点都不好玩儿。

苏情还在屋子里磨磨蹭蹭，妈妈已经上楼了，见她还躺在床上，不满地说："我的大小姐，您怎么还在床上啊。'五一'是什么节你是不是都忘了？"

苏情不情不愿地起身，没好气地说："是劳动节，我没忘。"

妈妈边收拾行李边说："那你就不愿意过个有意义的劳动节？反正也就去两天，你锻炼锻炼不好吗？那阿姨家的婶婶可是说了，你现在去帮忙，到时候收获了她会送你新米呢，你想想，到时候吃上自己种的米，不是很有面子吗？"

苏情一听这话立马激动了："真的会给我米吗？"

妈妈笑着说："当然是真的，人家一个大人还能哄你不成。"

苏情心里顿时乐开了花。哼，坐在前面的那个小丫头没事就在她面前显摆今天做什么菜，明天准备做什么菜，好像不会做菜的人都是笨蛋一样。不就是会做菜吗，有什么了不起，我还会种菜、种粮食呢！到时候我拿着新米也去她面前显摆，气死她！这时的苏情还不知道，这次下乡她会遇到真正的"吸血鬼"，更不知道那"吸血鬼"不仅不优雅美丽，还丑陋贪婪，异常可怕。

一想到宿敌气得脸色发白的模样，苏情就觉得暗爽不已。她已经迫不及待地要去插秧了，一见妈妈还在换衣服，忍不住催促起来。母女俩一顿紧赶慢赶，总算赶上了开往那个小村子的班车。一路颠簸，最后车子停在一个有点简陋的站牌旁。妈妈的朋友早就在路边等她们了，苏情忙乖巧的叫声阿姨，之后母女俩在阿姨的带领下朝阿姨家的老宅走去。

　　苏情好奇地打量着周围的一切，乡下的空气不错，这儿是平原，地都整整齐齐的，像棋盘一样。好些田里已经插上了秧苗，嫩嫩的秧苗亭亭玉立地站在水中，真好看。

　　在阿姨家吃过午饭后，苏情和妈妈在阿姨的带领下向水稻田走去。走在她们前面的是一个精瘦精瘦的老伯伯，他正挑着码得整整齐齐的秧苗往田边走。她们来到地里时，已经有不少人在干活了，老伯伯放下扁担，提起秧把轻轻一甩，秧把便均匀地分散在了水田中，苏情见了佩服不已。这时妈妈已经下田了，苏情看看其他人，都挽着裤腿和袖子，忙有样学样，将裤子和袖子都挽得高高的，跟在妈妈后面下了田。

　　可接下来该怎么做呢？苏情有些手足无措。她看看别人，就见一个动作最熟练的大婶飞快地从身后抓起一个秧把，迅速拆掉上面的稻草，然后用左手匀出秧苗，右手飞快接住匀出来的秧苗往下插，没一会儿她身后就整整齐齐地站了好几排秧苗。苏情看得眼睛都直了，她忙学着大婶的样子从身后拿起一个秧把，笨手笨脚地拆开，然后用左手分，右手拿，再弯腰一棵一棵插。好不容易将一个秧把全部插完，她回头一看，顿时羞红了脸。人家插的秧苗都站得整整齐齐像小卫兵似的，她插的秧苗个个东倒西歪像喝醉了酒的大汉。

　　这时带她们过来的张阿姨见了，忙笑着对她说："小情，你别着急，我小时候插秧的时候还不如你呢，这个是有技巧的。"

　　苏情忙竖起耳睁大眼"求经"，阿姨拿起一个秧把边说边做示范："你看，用左手分秧苗，不用一根一根拿出来，这样用大拇指轻轻一推就可以了。推出来后，用右手的大拇指和食指捏住秧苗然后插下去，插的时候不要太用力。你试试看。"苏情按照张阿姨说的试了试，果然比先前好多了，虽然速度还是跟不上那些老手，但至少秧苗能站起来了。苏情看着自己身后站得直直的秧苗，备受鼓舞，干得越发起劲了。

正当苏情插秧插得不亦乐乎的时候，忽然觉得小腿肚子上痒痒的，她以为是蚊子，便顺手挠了挠。哪知手摸到一些滑滑的东西，她扭头一看，呀，有好几条黑黑的条状虫子正粘在她的腿上，那个地方还在流血呢。

苏情最怕的就是软乎乎的条状虫子，一见到这些虫子，秧也顾不上插了，一路尖叫着逃到了田埂上。她边跑边用手拉那些虫子，希望可以把它们拉下来。可是不管苏情怎么用力拽，那些虫子就是赖在她腿上不下来。更恐怖的是，她越是用力拽，那些虫子越是往里面钻。

苏情吓得眼泪都掉出来了，她大喊道："妈，阿姨，快来救我呀。"

这时，阿姨跑了过来，一见苏情腿上的虫子，忙拉住她还在拽虫子的手，说道："你别拽。这是蚂蟥，你拉是拉不下来的，要用拍的。"说着她拿起一只布鞋开始拍打苏情的小腿，不一会儿，那几条蚂蟥就都滚下来。后赶过来的妈妈用干净毛巾给苏情擦干净伤口，和阿姨一道送苏情去村里的医务室擦了些碘酒，不一会儿血就止住了。

妈妈笑着问她："怎么样，还喜欢'吸血鬼'吗？"

苏情急忙摇头："太恶心了，我最讨厌这样的'吸血鬼'了。"

过了一会儿，她又问阿姨："阿姨，你们在田里干活会经常被这些'吸血鬼'咬吗？"

张阿姨笑了："那哪能啊，我们下地前会做一些准备，要是经常被这么咬，那我们岂不要贫血了。"

苏情忙问需要做什么准备。张阿姨笑着对她说："下地前，可以穿上胶鞋或者雨靴，这样蚂蟥就没有办法咬你了。如果嫌麻烦可以在腿上和脚上抹一些肥皂和清凉油，这些味道蚂蟥都不喜欢，自然不会咬啦。"

当天苏情没有再下地。第二天，一大早苏情就穿上胶鞋和大伙一起到了稻田，按照昨天阿姨传授的方法，她插秧的速度和质量都得到了很大的提高；更重要的是，再也没有"吸血鬼"来拜访她了。两天时间一眨眼就过去了，苏情看着刚刚熟悉的稻田和热情的村民，很不舍。临走时她和阿姨约好，等到暑假，她会再来，帮她们收西瓜。

转眼间几个月过去了。这天苏情刚回到家，就听到客厅里传来阿姨的声音，原来水稻成熟了，阿姨按照约定，给她送来了今年的新米。当天晚上苏情吃着自己亲手种出的大米，觉得格外香甜，也更加懂得了"粒粒皆辛苦"的道理。

现在她已经不想将自己种的大米带到学校显摆了，一想到那些终年面朝黄土背朝天的叔叔阿姨，她就没有底气说那些米是自己种出来的。虽然付出的不多，但她还是从中体会到了劳动的快乐和艰辛。她暗暗地下定决心：明年的"五一"一定要插更多的秧。

自救小贴士

蚂蟥又叫水蛭，是一种常见的"吸血鬼"。它们通常生活在水田和丛林里，如果有一天你和这位"吸血鬼"先生狭路相逢，并且遭到它的"攻击"，你知道该如何自救吗？如果不知道，那么一定要仔细阅读以下几点。

1.穿胶鞋或者抹肥皂、大蒜汁等可以有效防止蚂蟥的叮咬。

2.如果不幸被咬，那么用手或者鞋底用力地拍打，好让蚂蟥脱落。另外你也可以将肥皂水、浓盐水或者酒精等滴在蚂蟥的吸盘处，让它自行脱落。除了以上两种，还可以用燃烧的香烟烫蚂蟥，这样也可以让其自行脱落。

3.蚂蟥脱落后要迅速压迫伤口止血，还要在伤口涂碘酒，以免感染。

遭遇蛰人蜂袭击

周伟今年15岁，是一名初三学生，因为到了发育期，他的个子长得特别快，现在已经能和体育老师比肩了。这两年他不仅个子高了，声音也变粗了，搞得现在他一开口说话就被同桌的女孩儿笑话，说他的声音像动画片里的唐老鸭。周伟听了并不在意，他已经是个男子汉了，才不屑和个丫头斤斤计较呢。

然而就是这样一位男子汉，却有着十分特别的爱好，那就是他喜欢吃零食，尤其是甜食。巧克力、棉花糖、甜筒、奶油蛋糕……都是周伟的心头爱，然而他最喜欢吃的，还要数蜂蜜。蜂蜜可以说是他的生活必需品，在他看来，家里没有柴米油盐都可以，但要是没有蜂蜜，那简直就是毁天灭地。在吃蜂蜜方面，周伟算得上是行家了，什么时候吃哪种蜜，什么花的蜜最香，什么花的蜜最甜，不同种类的蜂蜜功效有什么不同，他都一清二楚。

因为喜欢吃蜂蜜，周伟对蜜蜂也充满了好感，认为蜜蜂是天底下最可爱的小生物。看电视的时候只要在播有关蜜蜂的节目他就挪不开眼睛，平时买书的时候也会买有关蜜蜂的书看。这么一来二去，周伟都快成半个蜜蜂专家了，他甚至下定决心，长大就做个养蜂人。这个时候，周伟还不知道，自己出于兴趣而记下的那些知识，有一天还能用来救自己的同学。

那是5月的一天，周伟和同学们在老师的带领下去郊外野炊。因为周伟是班上个子最高，力气最大的男生，一路上周伟不仅背着做饭的锅具，还拎了一大袋米。虽说负担最重，但他平时十分注重体能训练，倒也不觉得累。到达目的地后，周伟卸下肩上的重物，又和众人一起挑石块垒灶，女孩子们则去小树林里捡干树枝。不一会儿，柴火够了，锅也架好了，老师就指挥女生淘米洗菜。周伟刚帮着涮完锅，就见他的同桌吴小莉正挥着刀劈土豆，那土豆也调皮，在砧板上滚来滚去。小莉一直劈不中，挥了半天刀，土豆变成了一堆不规则多边形，砧板都快被劈碎了。小莉将"切"好的土豆放进一旁的碗里，又拿起另一个准备开劈。周伟当机立断走上去拿下她手里的刀，说道："姑奶奶，你还是去淘米吧，这种粗活小的来做就好。"吴小莉也乐得清闲，把菜刀给他后自己跑去择菜了。

周伟左手按住土豆，右手拿着刀飞快地将土豆切成了薄厚均匀的片，又将土豆片切成丝，切好后放进一旁的菜篓子里用清水一冲，粗细均匀的土豆丝就呈现在大家面前了。这时蹲在一旁生火的男生悄悄凑过来说："周伟，从今天起你就是我心目中的男神了，你都不知道，刚才吴小莉剁土豆的架势有多凶残。我蹲在这快被吓死了，就怕那姑奶奶手一滑刀飞过来把我砍了。"说完还摸摸心口压惊。

周伟微微一笑，低声说："现在就安心还太早，我刚才见她去择菜了。我要是你，就去看她择的是哪些菜，等下筷子的时候当心点。"那个男生一听愣了，眨巴眨巴眼，忙转身往择菜的女生那边跑。然后，他真的在她们择过的菜上看到了虫子！他嘴角一阵抽搐，看着这帮十指不沾阳春水的大小姐，觉得头都大了。没办法，他只好乖乖过去请各位女王歇下，自己蹲下来把她们择过的菜又重新择了一遍。

米也淘好了，菜也切好了，大家开始生火做饭。周伟蹲在灶前，先往里面放了些枯树叶和细树枝，然后点燃一个小纸团扔在了枯树叶下。树叶一下就着了，火越烧越旺，将树枝也点燃了。周伟连忙又往里面添了一些粗的树枝，灶火渐渐稳定下来。

周伟吩咐一个男生帮忙放柴，自己则走到锅边准备炒菜。先放油，再放生姜，待生姜冒出香味了，他手一扬，将菜倒进了锅里，麻利地翻炒起来。因为锅是架在石头上的，并不是特别稳，所以周伟在翻炒时很小心，生怕不小心把菜炒出来。而另一边，女孩子们正在煎鸡蛋，因为火候没掌握好，鸡蛋一下就糊了，煎蛋的女生觉得很不好意思。班主任看不下去了，便上前接了女生的班开始炒其他的菜。这边周伟见菜炒得差不多了，放了点盐，又翻炒了几下就将菜盛出锅。

洗锅的时候周伟四处望了一眼，发现有好几个人不见了，其中就有他那笨手笨脚的同桌吴小莉，周伟也没太在意，心想她们大概玩去了。洗干净锅，周伟开始做第二个菜，这次他要做的是水煮肉片，大家就看周伟一阵忙活，一道色香味俱全的水煮肉片就出锅了。一个男孩迫不及待地夹了块肉尝了尝，竖起了大拇指："大神，以后我就跟着你混了。"周伟擦擦额头上的汗："这还没完呢。"说着他又往锅里倒了一点油，待油烧热后他小心翼翼用锅铲铲起油淋在菜上，只听一阵噼里啪啦，一时间菜香四溢，周围的人都馋得直流口水。

就在这时就听远处传来一阵呼救声："救命啊。"

大家被吓了一跳，都朝那边看，只见吴小莉和其他几个女生正拼命地往这边跑，而她们后面跟着一大朵黑云！那是什么啊？在大家都对她们身后那团黑云疑惑的时候，站在最前面的班长大喊道："蜜蜂，是蜜蜂，她们后面跟着一群蜜蜂。"大家一听说是蜜蜂，都慌了神，纷纷找地方躲藏。

可是为了避免引起火灾，他们特意选了一块空地，现在根本就找不到什么掩体。大家慌作一团，而蜜蜂群离他们越来越近了，最大的那只紧紧跟着吴小莉。这时周伟大喊道："快蹲下，用衣服遮住头，头压低一点。快点。"说完他率先蹲了下来，用外套裹住头，大家见了纷纷学着他的样子蹲下来遮住头。被追着的几个女生也跟着蹲下了，可是蜜蜂群不依不饶，有几个女生被蜇伤了，疼得直叫唤。周伟见状，一咬牙，用衣服裹住头，又拿起一块桌布跑到吴小莉面前给她裹住头，然后拉着她往反方向跑。蜂群一见目标跑了，忙跟上。

留在原地的人都松了口气，但随即又为周伟和吴小莉担心起来。大家都不知道该怎么办，只好待在原地等。时间一分一秒地过去了，他们还没回来，胆小的女生吓得哭了起来。班长和老师等不下去了，站起来准备去找他们。

这时，众人看见周伟扶着吴小莉回来了，众人忙迎上去问道："没事吧？你们。"周伟摇了摇头："我没事，吴小莉的手被蜇了。"大家围上去一看，吴小莉的手又红又肿，看着都疼。

周伟扶着吴小莉坐下，对围在一旁的人说："你们赶紧去化些碱水过来。还有，我记得我们有带洋葱，赶紧切两片拿来。"

一旁的人不解地问："我们上哪儿弄碱水去啊？"

周伟想了想说："盐水或者糖水都可以，快去。"

大家忙去准备，周伟则拉着吴小莉的手，用力地挤她被蜇到的地方，吴小莉疼得眼泪都出来了。慢慢地，只见扎在皮肤里的蜂刺也被挤了出来，周伟小心翼翼地将那些刺拔掉。这时盐水和洋葱都准备好了，周伟用盐水轻轻给吴小莉清洗伤口，边洗边说："因为是被蜜蜂蜇了，所以要用碱水，如果是黄蜂蜇的，就要用酸水来洗。清洗完后要涂药，万花油、红花油都可以，我们现在没有，就先用洋葱代替吧。"说完又用食醋给吴小莉洗了洗伤口，再用洋葱片慢慢擦，不一会儿，吴小莉就感觉好多了。

众人放下心来正准备吃饭，就见周伟开始收拾东西，大家都不解："我们还没吃饭呢，你怎么就开始收东西了。"周伟皱着眉头说："今天的野炊可能没办法进行下去了，我们要赶紧把吴小莉送到医院去。我刚才只是做了简单的处理，蜂毒还在吴小莉体内，要是毒素过重她可能有生命危险。"大家一听都吓坏了，赶紧把东西收拾好，将火彻底熄灭，就往回赶。

将吴小莉送到医院后，医生说吴小莉的伤并不严重，没有大碍，大家这才彻底放下心来。回去的路上有人问周伟："周伟，你怎么什么都知道啊？切菜也会，炒菜也会，连怎么对付蜂毒也会？"周伟挠挠头，说道："没什么，我小时候爸妈经常出差，我又挑食，不喜欢吃外面的东西，他们没办法，就只好教我做菜。我喜欢蜜蜂，关于蜜蜂的书看了很多，所以知道怎么急救。其实这样的事在生活中很常见，只是大家没留意，出事时才会慌了手脚。要是大家都掌握了这些知识，遇到危险时自然就会处理了。"大家都点头表示赞同。

这时有不少女生围上来，问周伟炒菜时要注意什么，周伟自然是毫无保留，将压箱底的绝活都告诉了大家。自此，这位已经长到174厘米的小男子汉又多了一个外号：妇女之友。

自救小贴士

蜜蜂是世界上最勤劳的动物之一，它们每天辛勤劳作，给整个世界带来了甘甜。而同时，它们也用自己的生命捍卫着自己的家园。蜜蜂一旦蜇过人，便会死去。我们要做的就是尽量不要打扰它们。如果有一天你不小心冒犯它们，被蜇伤了，你知道该如何急救吗？如果不知道，就接着往下看吧。

1.被蜂群袭击的时候，要注意护住头部，面部和身体其他裸露的地方，因为蜜蜂最喜欢蜇的就是人的头部。为了避开蜂群，可以立即蹲下，也可以朝着蜜蜂飞行的反方向奔跑。

2.如果被蜇了，一定要及时用针或者镊子拔出蜂刺，最好不要用手掐住毒刺，这样会让蜂毒注入得更多。

3.取出蜂刺后用碱水清洗伤口，如果是黄蜂蜇的，就用酸水洗。

4.清洗过伤口后在伤口上涂上药，万花油、红花油等都可以，如果没有可以将生姜、大蒜、洋葱和马齿苋捣烂，然后敷在伤口处。

5.如果症状比较严重，要及时送患者去医院，因为患者可能对蜂毒过敏，抢救不及时会威胁到患者的生命。

有趣又惊险的化学课

　　进入初三，谢旭一直处于亢奋状态，倒不是为即将到来的中考而紧张，而是初三学校会开化学课。谢旭从小就喜欢看科学家的故事，打心眼儿里佩服那些科学家，希望长大后也能成为一名科学家。

　　平时，他就喜欢做各种各样的科学实验，可是出于安全考虑，爸妈只允许他做那些没有危险的物理小实验，但凡涉及化学原料或者明火的，他们坚决不让他做。渐渐的，那些物理小实验已经不能满足他对实验的渴望了。每每在书上看到有趣的实验，他却因为没有原料、设备、支持而不能做时，就会懊恼得吃不下饭。好不容易到了初二，学校开设了物理课，他终于有机会进实验室做实验了。开始的时候他很高兴，可没过多久，他就发现课堂上做的实验也不过是关于"力"、"光"等小实验，这些他早就在家里做过了，已经没兴趣了。好不容易升入初三，不仅物理涉及"电力"的内容，下半学期还能去做化学实验，谢旭只觉得自己已经处于巨大的幸福中，每天都哼着小曲美得冒泡。他哪里会想到，自己期盼已久的化学课，除了有趣，还很惊险。

又是一节化学课，下课铃声响了，谢旭却觉得意犹未尽，这时就听化学老师说："下次化学课我们要做实验，到时候大家提前在化学实验室外面集合，我就不过来了，直接去实验室。"谢旭一听终于可以做实验了，高兴地一蹦三尺高，大声喊道："太好啦！"逗得大家哈哈大笑。接下来的两天谢旭的心情都空前好，不仅将寝室打扫得干干净净，还把全寝室的脏衣服都洗了，吓得他的好哥们儿拉着他就要去校医院，还说："你是不是吃了什么不干净的东西啊，还是被人借尸还魂了？说，你是不是穿越过来的妹子？"谢旭一拍他脑袋，笑着说："要你别躲在被子里看穿越小说，你非要看，什么借尸还魂！我这是高兴，终于可以去做实验了，小爷一偿夙愿啊。"寝室的其他人看他这高兴劲儿，都笑着摇头，不就是做个小实验，至于激动成这样吗。

到了做实验那天，谢旭早早地就到实验室等待了，待众人到化学实验室门口时，就见谢旭正从窗户往里面望呢，大家又是一阵哄笑。这时化学老师来了，打开实验室的门让大家进去。大家也是第一次进化学实验室，看到什么都觉得新奇。老师先问大家有没有记得带实验报告，然后又让他们自己找喜欢的实验台，不许乱摸乱碰，因为化学实验室里有不少易燃、易爆、腐蚀性强的原料。大家都很有纪律性地站到实验台边，谢旭看看酒精灯，又看看石棉网，心激动得怦怦直跳。他一直梦想着这一天，虽然他们今天要做的不过是通过燃烧生成二氧化碳的简单实验，但他还是很高兴，这是他迈向梦想的第一步啊。

化学老师简单地讲了注意事项后就示意大家可以开始做实验了，虽然是初次上手，但是这个实验在课本上有详细介绍，基本步骤大家早就牢记在心，因此做起来有条不紊，并没有什么特殊状况发生。很快，大部分人都成功地做完实验，开始写实验报告。

谢旭也早早地就做完了实验，却觉得有些意犹未尽，还有半节课呢，只是写报告也太没意思了。他左右看看，忽然看到实验台上放了一小块银白色的东西，便拿起来细看，觉得很像课本上讲的钠，可能是以前做实验的人忘了收起来。虽然还没学到那一节的内容，但是谢旭老早就将整本书都看过一遍了。他仔细想了想，突然想到课本上好像讲过，将钠放入水中钠会燃烧起来。

真想试试啊！看着那块钠，谢旭心里痒痒的。他左右看看，见大家都在埋头写报告，老师边走边指导其他同学，没人注意到他，便悄悄地拿起已经收好的烧杯，将钠放了进去，又接一些水。钠一遇到水迅速发生了反应，只见那块钠在烧杯中熔化成一个银白色的小球，小球的表面不断地冒着气泡。谢旭觉得很新奇，就凑上去看，只见小球在烧杯里迅速游动，甚至发出了火花，火在水中跃动。这一幕让谢旭看得入了迷，这时同组的人注意到他这边的异动，看到发着光的钠纷纷惊呼起来。这边的动静很快引起了老师的注意，老师一见烧杯中冒着光的钠，忙大吼一声："快让开，危险。"

其他人被吓一跳，本能地往后退。谢旭也被吓倒了，他身体一颤不小心撞到烧杯，烧杯里的水和钠一下泼了出来，有一些溅到他的手上，他顿时感到手上传来一阵剧痛，就像被火灼伤了似的。钠掉在地上还在燃烧，胆小的女生吓得尖叫起来，有人想用水泼，老师大声说："不能用水泼，去走廊拿粉末灭火器。"

离门最近的班长忙跑出去拿来粉末灭火器一顿喷，火很快被熄灭了，大家这才松一口气。这时谢旭疼得眼泪直流，老师顾不上责怪他，忙让两个男生带他去校医院。经过校医的一番处理，谢旭的手才没有大碍。这么一折腾，等谢旭回教室的时候已经下课了。班主任听说他烫伤了忙去教室看他的情况，当班主任了解到原因时，非常生气。化学实验本就有风险，谢旭不听老师安排擅自动用化学原料，幸好这次灭火及时，否则，若是火点燃了那些易燃易爆的原料，后果真是不堪设想。谢旭垂着头挨训，心里十分难过，他也没想到事情会变成这样。

这时化学老师上来解围，劝走班主任后，化学老师将谢旭叫到一边，谢旭垂头丧气地等着挨骂，就听化学老师说："对不起，害你受伤了。"

谢旭惊讶地抬起头，慌忙说："不是，是我自己的错，和老师没有关系。"

化学老师摇了摇头，说道："我要是早点注意你们那边的情况，就可以过去指导你；要是那个时候我不忽然出声，你也不至于受惊，这是我的教学失误。"

谢旭一时不知道该说什么好，这时又听化学老师说："当然，你也有错。你知道自己错在哪里吗？"

谢旭说："我不该擅动实验器材。"

化学老师说："这是一方面，但你最大的错误不是这个，而是在发生危险时不懂得如何保护自己。"说完，老师取下了一直围在脖子上的围巾。

就见一条环形的伤疤绕在老师的脖子上，谢旭吃惊地睁大眼睛，问道："这是？"

化学老师苦笑一下说道："这是我像你这么大的时候留下的。那也是一堂化学实验课，我戴着一条围巾进了实验室，做实验的时候，围巾勾倒了酒精灯，一下就着起来。我想解开，却手忙脚乱地越解越紧，最后在朋友的帮助下解开围巾时，整个脖子已经被烧伤了。"

谢旭只是想象一下当时的场景就觉得害怕。化学老师接着说："很多人都会说，如果那个时候可以迅速灭火，或者可以迅速将围巾取下，就可以避免这场事故。我却觉得，我根本就不该戴围巾进去，这样一切都可以避免。勇于探究当然是好事，但是也要注意生命安全。为科学献身是一回事，无谓的牺牲是另一回事。在做实验前，你不仅要掌握基本的实验步骤，还要对可能发生的危险做一定的预想，并且知道该如何应对。今天你的表现让我有些失望，但更让我失望的是，全班那么多的同学居然没有一个人知道该如何应对由化学原料引起的火灾。这些知识你们在初二的物理课上就已经学过了，却没有一个人能运用到实际生活中来，无法运用到现实生活中的知识，真的有用吗？"

听到这里，谢旭的脸一下红了：对啊，那个时候火势并不猛，但是几乎所有人都蒙了，慌了。明明看到钠是遇水才燃烧的，竟然还想用水灭火。当时如果真的将水浇到钠上，水带着燃烧的钠流到易燃品那里，说不定就真的酿成大祸了。想到这，谢旭羞愧地低下了头。

在这之后，化学老师专门用一节课为同学们讲了做实验时可能会发生的危险和应对手段。大家都认认真真做好笔记，一直到谢旭毕业，化学实验课上没再出现事故。

自救小贴士

对于热爱科学的同学而言，化学实验课可能是大家十分期待的一门课，做化学实验可以让我们切身体会到科学的魅力。然而，化学实验课同样暗藏着各种危险，一不小心就会让自己和同学们陷入危险中。为了避免实验室危险，我们要督促自己做到如下几点：

1.进入实验室要简单着装。

2.听从老师安排，不要擅自动用实验器材。

3.如果所做实验会产生有毒气体，一定要在实验前安装好尾气处理装置。

4.如果在实验过程中被仪器划伤，应在老师的指导下处理伤口。不要立即用水清洗，处理伤口时可以使用过氧化氢或者硼酸水。

有效止血

阿文是一个沉默寡言的男生，他的体质很差，男生们喜欢的篮球和足球运动他都没办法参与，再加上学习成绩一般，性格内向，他在班上一点也不起眼，自然也没有什么朋友。平日里他总是独来独往，倒不是他不肯和别人接触，而是根本没人注意到他。如果能被人关注就好了，哪怕只有一次，阿文在心底默默许着愿。

他没想到的是，这个愿望很快就实现了。这两天，一下课他的座位便被挤得水泄不通，甚至上课铃声响了还有不少人恋恋不舍不愿意走。这是为什么呢？原来大家都是来看阿文的"宝贝"的。

前段时间，阿文的表哥去城里看动漫展，想到阿文的生日快到了，就顺便给他买了很多小玩意儿当礼物。阿文收到礼物后便迫不及待拆开看，顿时激动得满面通红。原来表哥给他买了一套忍者道具，不仅有苦无、手里剑，还有手甲钩。除了这些，还有几张鸣人、佐助的海报和《火影忍者》几大主角的小手办。阿文是个骨灰级的《火影忍者》迷，见到这些礼物自然是欣喜若狂。阿文拿着礼物喜滋滋地进了房间，他先找出双面胶将海报贴在墙上，然后又在书桌上清理出一块地方放手办，之后便兴致勃勃地研究起了各种"武器"。

表哥这次是真的花了大价钱，光手里剑便买了四枚，有十字形状的，还有四叶和两叶的。阿文小心翼翼地摸了摸手里剑，发现很锋利，他拿着一枚手里剑划一下桌子，桌子上立即出现一道划痕。阿文吓了一跳，妈妈要是看到一定会生气的，他手忙脚乱地找来贴纸贴在了划痕上。

确定看不出任何异常后，阿文松了一口气，没想到这个小道具居然这么锋利，要是同学们看到一定会大吃一惊的。对了，我为什么不将这些小玩具带到学校去给大家见识见识呢？班上的男生都是火影迷，看到一定会很高兴的。这么想着，阿文忙将手里剑和苦无放回包装盒里，然后将盒子塞进书包。这么一来，自己会受到欢迎吧！阿文一想到被众人围住的场景，便忍不住笑起来。

第二天，阿文早早就起床了，来不及洗漱就开始整理书包，反复确认玩具确实放在书包后他才拉上书包拉链，洗漱后一蹦三跳地跑到学校。上早读的时候，他一直心不在焉，什么时候才是拿出宝贝的最佳时机呢？这样想着，早自习很快就结束了。大家三三两两地去吃早点，阿文也跟着同学们去吃早点。他一直往男生堆里凑，想告诉他们自己带了好东西，却怎么也插不上话。阿文有些失落，草草地吃过早点便回到教室。左右无事，他就从书包里拿出了手里剑，在手里把玩。

　　这时他的同桌回来了，看到他手中的玩具，大喊一声："啊，是手里剑，你怎么会有啊？"他这一喊，男生们都围上来，看到阿文的手里剑，都羡慕不已。同桌指着一个四叶的手里剑对大家说："你们看，这个和鸣人用的那个一样呢。"阿文见一下来这么多人，有些不好意思，他小声说："这个还能折叠呢，像这样轻轻一转，这个就可以变成两叶的了。"边说边演示起来，周围的男生们都发出惊叹声。有几个人还对阿文说："阿文，你待会儿可不可以借给我玩一会儿啊。"还有的人问他是在哪儿买的。阿文边点头答应边说："这是我表哥看动漫展的时候给我带回来的，我们这边好像还没有。"大家一听这边没有，都有些扫兴，但随即也央求阿文借给他们玩一会儿，阿文一一答应了。

　　接下来的几天，几乎每天都有人来找阿文，求他出借小道具。有几个男生听说他家里还有海报和手办，都说要去他家看看，阿文自然是满口答应。因为手里剑和苦无的关系，阿文和班上的同学关系一下铁起来，再也不像从前那般没人理睬了，他现在连睡觉都会笑醒。就在他为这样的转变暗暗高兴时，却发生了一件意想不到的事。

　　一天放学后，阿文带着几个同学来到自己家，因为之前答应过给他们展示海报和手办。一进阿文的房间大家便被贴在墙上的海报吸引住了，不愧是从大城市带回来的，看着就比路边小摊上的上档次。几个人研究完海报，又将目光移向桌上的手办，只见一个个小鸣人、小佐助和小卡卡西站在桌子上，栩栩如生，趣味十足。这时阿文又打开DVD播放火影忍者的视频，大家顿时有了一种身临其境的感觉，不少人都哼起了主题曲。一个男生甚至拿起一枚手里剑朝阿文射去，边扔还边说："看招。"阿文看着朝自己脸飞过来的手里剑，下意识地用手一挡，手里剑划过阿文的手指，落在地上。

阿文顿时觉得手指传来一阵剧痛，他一看，左手的小指正在滴血，原来刚才手里剑划伤了他的手指。那个男生本来只是打算和阿文开个玩笑，没想到那手里剑这么锋利，一下子伤到了人。看着阿文流血的手，那个男生瞬间慌了神。眼见着阿文的手血流不止，大家急得团团转，这时忽然有一个男生面色发白晕了过去。众人顿时傻眼了，这，这是什么情况？

相较于其他人的惊慌，阿文显得十分镇定，他先让同学们把晕倒的男生扶到床上躺下，然后让他们将男生的衣领解开，拿掉枕头，将脚微微抬高，之后又给那个男生盖了一条小毯子，并嘱咐众人不要慌张，保持安静。处理好这边的状况后，阿文才跑进厨房将右手洗净擦干，然后用右手按压住伤口，过了一会儿，先前流个不停地血居然止住了。

阿文看着滴得满地的血迹，叹息着说："我可是罕见的Rh阴性AB型血啊，这么哗哗地流真是太浪费了。"

刚才还慌作一团的众人都被他的话给逗笑了，一个男生还开起了玩笑："你也不早说，你之前说了，我们就不急着止血了，都去找瓶子来接，要是能接那么一瓶就发达了。"

其他人则有些担心那个晕倒的男生，问道："他没事吧，怎么忽然晕了？"

阿文摆摆手说："放心吧，他躺一会儿就没事了，这小子晕血。"

"晕血？"众人都不解，只听过晕车、晕船，啥叫晕血啊？阿文见大家一脸不解，也吃了一惊，问道："你们不知道啊，这个不是挺常见的吗？晕血就和晕针差不多，就是说有的人看到血后会忽然头晕、呕吐，严重的还会晕倒，甚至休克。不过一般都不会太严重，稍微躺一下就好了。"

听完阿文的解释后，大家都露出钦佩之色，赞叹道："阿文，你懂的真多。对了，你的血怎么止住了？"

阿文看了看已经包扎好的手指，说："手指的血管神经都在侧面，一旦被划伤很容易血流不止，这个时候只要用手按压住伤口或者手指两侧的近端就可以止血了，不要惊慌。"

扔手里剑的那个同学愧疚地说："对不起，阿文，害你受伤了。"

阿文摇摇头说："没事儿。我该事先提醒你们的，这套道具还原度很高，如果不注意很容易造成误伤，因此绝对不能在公共场合使用。"大家都点头表示赞同。

这时晕倒的那个男生也醒了，他坐起身来扶着头说："我这是怎么了？"

阿文说："你晕血，已经没事了。"

男生不解地问："晕血是什么病，要怎么治啊？"

阿文笑着说："你放心吧，不是什么绝症，如果你真的想克服，只要多看看血淋淋的场面就可以了，习惯成自然嘛。"

"哇，这么血腥的治疗方法啊。"一个男生笑道。

阿文挑挑眉，说道："这叫刺激疗法。"

大家都好奇地问阿文："你从哪儿学到这些稀奇古怪的知识啊？"

阿文笑了笑，将他们领进书房，指了指书柜。大家抬头看去，好家伙，满满当当全是护理急救的书。原来阿文的妈妈是护士，家里最不缺的就是讲护理知识的书籍。阿文没事的时候就喜欢翻翻，现在已经是个小小急救员了。

因为出了误伤事故，阿文再也没带火影道具去学校，可他周围还是会围不少人，现在大家都向他打听各种急救方法。不必再借助新奇的玩具，阿文靠着自己丰富的知识和温和的性格得到了大家的喜爱。

自救小贴士

少年间嬉戏本属平常，但如果没有掌握好分寸便极容易受伤。如果伤口流血不止，应该如何急救呢？青少年不妨学学以下一些急救方法。

1.指压止血法：这种方法适用于出血多、伤口较大的情况。如果头、颈部、四肢和手指出血，采用这种方法效果较好。在操作时，用手指压住相应动脉靠近心脏的那一端，按压30分钟后需要松开3分钟，然后继续按压，直到血彻底止住或医生包扎好后为止。

2.包扎止血法：这种方法十分常见，即将干净的毛巾、布条或者衣物折成比伤口稍大的垫子，盖在伤口上，然后用布条扎紧。

3.止血带止血法：四肢大出血时，可以用布条扎紧伤口上方的部位，但也不用太紧，只要血不再流即可，然后每30分钟松开2～3分钟，直至伤者被送到医院。

最后在这里提醒青少年，不要玩刀片、菜刀、钉子或者十分尖锐的玩具，因为这些玩具很容易使人受伤。如果不小心被生锈的钉子扎伤，一定要迅速就医，注射破伤风抗毒素，以免患破伤风。

中暑自救

今年的夏天格外炎热，也格外漫长，林宁抹了一把汗，从冰箱里拿出两根冰棒。关上冰箱的门，林宁一边撕开其中一根的包装袋将冰棒叼在嘴里，一边将另一根递给好朋友李越。李越边吃冰棒边继续刚才的话题，他正在向林宁描述高中生活，虽然两人年纪一样大，但李越跳过级，所以开学后他就是一名高一的学生了。林宁呆呆地听李越描述高中生活，只觉得怎么听怎么觉得高中生活美好。即便只是普普通通的音乐课都让他心生向往，自从升入初三后，林宁他们就没有音乐课了。林宁正对高中生活无限向往时，李越在一旁开始泼冷水，就听他说："你别以为高中就很好，我跟你说，一进高中就得军训，累不死你。一帮人顶着太阳站军姿，热得一脑门子汗。我们之前军训的时候还有人中暑晕倒呢。"

　　林宁对李越口中的重重艰苦不以为然，只要能摆脱初中平淡无聊的生活，不管是怎样艰苦的生活他都愿意去过。不过再怎么期盼，那也是一个半月之后的事，现在林宁仍旧不得不每天早早起床去上补习班。

　　之前妈妈说得好好的，中考后就让他好好休息休息。结果分数下来，虽然他的分数够市一中的录取分数线，可是妈妈一看左右邻居家孩子的分数，顿时不淡定了。她不仅直接收回原先的承诺，还给他报了补习班，让他一三五补数学，二四六补英语。林宁现在只有星期天有休息的时间，觉得比中考时还累。李越是听说他的遭遇才特地来"探监"的，两人有一搭没一搭地聊天，不知不觉就下午了。送走李越后，林宁想到明天的数学课，只觉得头疼得厉害，这种日子到底什么时候才是个头啊！

　　第二天很早林宁便起床了，吃过早饭后就和隔壁的小莉、阿山一起去补习班。虽然才早上八点，但林宁已经觉得热得不行了。好不容易熬完一个上午，三个人都累得够呛。由于补习只安排了半天，下午大家各自回家做练习。上午的课结束后，林宁和小莉、阿山拖着疲惫的身子一起往车站走去。从补习班到站台的路上没有多少树，能遮阳的建筑也少，三人虽然都撑着遮阳伞，但仍觉得太阳毒辣辣的。

　　好不容易走到站台，公交车还没来，三人一边用书扇风，一边焦急地等车，不一会儿，三人的衣服就都被汗浸透了。三个人正等得心急时，就见街对面有两个小男孩儿在踢足球，他们背着书包，似乎也是刚补习回来。阿山看了看那两个小孩儿，皱一下眉头，说道："现在的小孩儿真不知死活，这么大热的天也不怕中暑。"话还没落音就见个子稍矮的那个小孩儿倒在地上。另一个似乎吓坏了，跑到同伴面前一边喊一边哭。林宁三人暗叫不好，忙冲到对面。

只见倒在地上的那个小孩儿满脸通红，大汗淋漓，肌肉开始抽搐，眼见着晕厥过去。三人大惊，林宁最先冷静下来，他抱起那个晕倒的男孩，说："快，到阴凉的地方去。"说完抱着男孩儿快步跑到一座大厦的阴影里。小莉也忙将正在哭的那个男孩儿领过去。林宁摸摸男孩儿的额头，对阿山说："阿山，你快去买一些冰棍和冰镇饮料回来，越冰越好，快点。小莉，你身上带着湿巾吧，快拿出来。"

阿山忙拿着钱包跑到拐角的小卖部去买冰棍和冰镇饮料，小莉则从书包中掏出湿巾递给林宁。林宁忙拆开湿巾贴在小孩儿的额头上，之后他又从书袋里拿出清凉油抹在小孩儿的太阳穴上。因为担心上课走神，他们随身都带着清凉油和风油精，没想到派上用场了。

这时阿山抱着一堆冰棍回来了，林宁快手快脚地将冰棍塞在小孩的腋窝下和脖子上，又给孩子喂了一些冷饮。不一会儿，小孩儿就呛着醒了。小莉则将多出的冰棍递给惊讶地看着他们的小孩儿，林宁又嘱咐阿山和小莉多喝些冷饮。一顿忙活后，小孩儿的脸色渐渐恢复了，三人商量一下，怕另一个小孩儿在路上中暑，就决定一起将小孩儿送回家。走到半路时，遇到正在找孩子的小孩儿的父母，林宁将两个小孩儿交给他们的父母，又嘱咐孩子的父母尽量每天自己接送小孩儿，在家多准备些绿豆汤等冷饮，以免小孩儿中暑。孩子的父母对林宁他们千恩万谢，三个稚气未脱的少年都有点不好意思，红着脸匆匆离开了。

因为这个小插曲，林宁他们回去的时间比平常晚了不少。他一进门，就见妈妈坐在客厅，有些憔悴，似乎是哭过。他好奇地问："妈，你怎么了？"妈妈见他回来了，松了口气，说道："你今天怎么回来得这么晚，我还以为你路上出什么事了，担心得不行。"林宁便随口说了刚才的事，哪知妈妈更加忧心了，说道："我看，你还是不要去补习了，万一中暑了怎么办。"林宁感到很意外，难道太阳从西边出来了？妈妈居然说不用补习了。他好奇地看着妈妈，妈妈并没有说为什么，只是下定决心一般说："算了，明天你不要去上什么补习班了，自己在家好好学习吧。"林宁顿时喜出望外，就这样解放啦？他掐了掐自己，确信自己不是在做梦。

晚上吃过饭后，林宁和爸爸一起去散步，爸爸说明了原因。原来早上妈妈接到电话，说是家乡的一个远房亲戚因为中暑死了。林宁听了半天说不出话来。爸爸转过头看着他，眼中含着泪，说道："你妈和我都觉得，你以后能不能有出息不重要，只要你能健健康康地活着，我们就心满意足了。"

林宁重重地点点头，他从来都不知道，中暑竟是如此可怕的杀手。他暗暗下定决心，以后要多学一些急救知识。

自救小贴士

夏季天气炎热，人们很容易中暑。虽然中暑在一般情况下都不会致命，但是如果抢救不及时，也可能酿成悲剧。你知道中暑后该如何自救吗？

1.发现自己有中暑征兆后要立即停止运动、工作和学习，到阴凉的地方休息。

2.摄取适量的凉水、运动型饮料或者淡盐水，吃些冰西瓜，或者服用藿香正气水等解暑药。

3.如果是中度中暑，要立即用冰袋，或有包装纸的冰棒敷头部、颈部和四肢来降温。

4.重度中暑的患者要迅速用冰块为其降温，然后在第一时间将其送往医院救治。

使用高压锅时该注意什么

　　俗话说得好，民以食为天。厨房作为烹制美食的重要场所，在我们的生活中有着举足轻重的地位。说到厨房，人们往往会首先想到各种美食，尤其是那些只有妈妈能做出来，而旁人复制不了的味道。可是对于妈妈们来说，厨房绝不是个温馨的场所，虽然为家人烹饪美食是件幸福的事，但真正做出这些食物往往会耗费她们大量的时间和精力。除此之外，厨房也充满着各种危险，不管是可能起火的油锅，还是锋利的菜刀；不管是可能泄露的煤气，还是操作不当便会爆炸的压力锅……小小的厨房里，每一件厨具都可能让妈妈们受伤。

　　厨房是主妇的战场，这句话一点也没说错。对此，18岁的张能深有体会。虽然那件事已经过去4年了，而且因为逃脱及时没有造成人员伤亡，但是一回想起当时的情景，张能还是心有余悸。

那时他14岁，还是一名初中生。他现在还记得，那是初夏的一天。虽然只是6月，他所在的这座南方城市已经很炎热了。昏昏沉沉地结束了一天的课程，张能匆匆往家赶，吃完饭后他还要回学校上晚自习，时间很紧。中午出门的时候妈妈说会煮他最喜欢的大米绿豆粥，现在应该已经做好了。一想到美味的大米绿豆粥，张能不禁加快了脚步，大热天吃一碗消暑的绿豆粥算得上是最畅快的事了。

一进家门，张能就看见妈妈正坐在餐桌上写写画画，还不时按按桌上的计算器，似乎在算最近的开支。见张能回来了，妈妈对他说："我今天下午有事出去了，回来的时候有点晚，绿豆粥还在煮，你先吃块哈密瓜吧，我放在冰箱里了。"

张能应了一声，便打开冰箱门，里面果然放着几块散发着清香的哈密瓜，忙一抹脸上的汗拿起一块吃了起来。他边吃边问："妈，那粥什么时候熟啊？我今天晚上要考数学，得早点去。"妈妈听了，忙起身说："我去看看，应该快了，我就是怕耽误你，特意用高压锅煮的，现在应该差不多了。"说着便往厨房走。

张能一听，惊得手中的瓜都要掉了。他难以置信地问："妈，你用什么煮的绿豆粥？"妈妈的声音从厨房传出来："不是说了用高压锅了嘛，用它比较快。咦，奇怪，怎么不出气？小能啊，来帮妈妈一把，这锅盖怎么打不开？"张能扔下手中的瓜，一个箭步冲进厨房拉开正在开锅盖的妈妈，"妈，你快让开，小心爆炸。"说完，他飞快关掉火。堵住洗碗池的出水口后拧开龙头哗哗放水。

　　妈妈在一旁莫名其妙，"小能，你做什么啊？"张能见池中已经有一半水了，便关掉水龙头，小心翼翼地将高压锅拿起来放到冷水中，放好后推着妈妈出厨房："妈，绿豆煮的时候绿豆会蜕皮，绿豆皮会堵住高压锅的排气孔，刚才你要是强行打开高压锅的盖子，锅会当场爆炸。这高压锅就放在冷水里让它慢慢变冷，等能轻易打开锅盖时再打开，打开后把排气孔用急水冲冲，把里面的绿豆皮冲出来就可以了。"

　　张能妈妈一听锅子会爆炸，吓得脸色都变了，要不是张能刚才拉住自己，说不定自己已经被炸伤了。她看着已经长大的儿子，笑着问："你从哪儿学的这些东西？"张能挠挠头："上物理课的时候，老师给我们讲压力压强的知识，他就是拿高压锅举的例子。我当时还想着要回来告诉你，哪知道一转头就忘了。还好刚才想起来，不然咱们母子都得进医院了。"

　　妈妈笑着直点头，忽然她一拍脑袋，"哎呀，不好，我下午去买绿豆的时候遇上你吴妈妈，她也说要给丽丽煮绿豆汤，因为时间紧，她也说要用高压锅来着，咱们快上去看看，别出什么事了。"张能一听也变了脸色，忙打开门就要和妈妈一起往上跑。

　　就在这个时候，只听楼上传来一声巨响，接着就是玻璃落地碎掉的声音。母子俩对视一眼，暗叫不好，忙往丽丽家跑。这时听到动静的左邻右舍也出来了，跟着往上跑。

　　到了丽丽家，眼前的情景让张能惊呆了。只见丽丽家的厨房一片狼藉，到处都是飞溅的绿豆粥，高压锅的盖子已经不翼而飞，厨房的玻璃也震飞了。丽丽妈妈额头上流着血，倒在地上，手上脚上都被烫伤了。丽丽刚才在房间，没有受伤，现在正哭得不知如何是好。张能回过神来大喊道："快叫救护车啊。"

这时，有邻居准备用食用油给丽丽妈擦伤口。张能一把拉住了对方，"不行，吴妈妈这已经起泡了，不是轻度烫伤，拿干净清水来冲，之后用干净的毛巾包扎，不要往上面擦东西，免得感染。"大家马上七手八脚地去找干净毛巾。

包扎好后，有人想背着吴妈妈下楼，张能又拦着对方，"现在不知道吴妈妈伤势严不严重，不宜挪动，免得伤势加重，等救护车来了用担架抬，这样才不会受伤。"大家无奈，只好耐心等救护车来。

不一会儿，救护车呼啸而至。守在小区门口的邻居忙带着医生抬着担架上来了，大家将吴妈妈送上车后才算松了口气。张能他们几个学生见没事了忙赶着去上晚自习，大人们则帮着收拾残局。

晚上回家的时候，张能妈妈对他说："你吴妈妈已经没事了，医生说烫伤的地方处理得很好。"张能这才放下心来。

吃着重新热好的大米绿豆粥，张能感慨万分。谁能想到，与人方便的高压锅竟然也能成为威胁人们生命的凶器呢！厨房是战场，这话真是一点也没错啊！

自救小贴士

科技的不断发展也让人们的厨房发生了一场又一场革命，越来越多实用的厨房用具被人们请进了家门。高压锅、电磁炉、面包机……这些新兴的厨具成为妈妈们烹制美食的好帮手。但有时我们的帮手也会成为凶手，使用不当便会成为厨房里的一颗不定时炸弹。如何让它们成为妈妈们烹饪的助力而不是安全的绊脚石，是摆在每个家庭成员面前的问题。下面我们就以高压锅为例，说说在使用高压锅时该注意哪些问题。

1.在使用高压锅前，一定要对锅盖上的通气孔进行检查，确保通气孔是通畅的，之后还需要对安全阀进行检查，确保安全阀完好无损。

2.在使用高压锅烹饪的时候不要触动压力阀，更加不可以将重物压在压力阀上。另外，在高压锅工作时不要打开锅盖。

3.在饭菜做好后，不要立即打开高压锅，一定要等高压锅里的高压热气降温降压后再取下压力阀打开锅盖，以免被热气灼伤。

4.一旦发现高压锅的压力阀孔有不排气的情况，要立即关掉火，将高压锅放到冷水中降温。等能轻松打开锅盖时再打开锅盖，然后用水冲洗锅盖，将堵住通气孔的堵塞物冲干净。

5.不要用高压锅煮豆子，因为这类食物在煮的过程中会脱皮，这些皮很容易堵塞高压锅的通气孔。

油锅起火勿慌张

不管科学家们如何强调油炸食物多么不健康，都无法阻挡中国人对油炸食物的喜爱。不管是煎鱼还是煮肉，油总是放得足足的。炸薯片自是不必说，连香蕉都会扔到油锅里炸一炸。虽然早餐的选择越来越多，但豆浆油条永远是很多人最喜欢的搭配。即便不去外面买，家里也会给孩子煎个鸡蛋和热个牛奶作为早餐。白煮蛋？谁吃那玩意儿。油作为中国人必不可缺的烹饪材料，让千家万户的食物变得酥酥脆脆、美味可口。中国人做菜可少不了油啊。

说到油就不得不说油锅。油锅对中国人来说实在太常见了，街边的小吃铺，但凡需要炸什么食材，必会架起一口或大或小的油锅。在农村，现在还有不少家庭自己炸麻花。然而，油锅在炸出各种美食的同时，也可能炸出安全问题。

　　这不，笑笑就经历了这么一场油锅惊魂。那是一个星期天，爸爸要加班，笑笑和妈妈在家。中午吃过午饭妈妈接到舅舅的电话，说是姥爷病了，要妈妈过去看看。笑笑因为还要做作业，不能跟着去，妈妈又不放心把她一个人放在家，正在左右为难。笑笑帮妈妈拿出包包把她往门外推，"妈，你就放心去吧，我都13岁了能出什么事，待会萧琴会过来和我一起写作业。我让她陪着我直到爸爸回来不就得了？你快去吧，替我向姥姥、姥爷问好，说我下星期去看他们。"

　　妈妈听萧琴会过来，放心不少，嘱咐了几句就拿着包匆匆走了。笑笑一见妈妈走远了便欢呼一声把作业本一扔，跑到房里打开了电脑。浏览了一会儿网页，又看一集动画片，笑笑觉得没意思，便又拿出作业写起来。差不多快写完的时候门铃响了，笑笑跑去一看是自己的好朋友萧琴到了，忙打开门让她进来。

　　两人说说笑笑地将作业写完，萧琴说到上周末她给家人做饭的事，笑笑听了心里一动："爸爸今天加班一定累坏了，要是回来见我做好饭，一定会很高兴的，说不定就肯给我买我上次看中的那个MP5了。"这么一想，笑笑便决定给家人做饭。萧琴一听也觉得可以，便自告奋勇地要给笑笑打下手。

　　可是做什么好呢？笑笑打开冰箱，发现冷藏室里放着猪肉，还有已经洗好的鳊鱼，于是决定炒个肉，再做个红烧鱼。说干就干，笑笑系上妈妈的围裙开始切菜，萧琴则打开电脑在网上找炒肉和红烧鱼的做法。笑笑一边切肉，萧琴一边喊要准备什么作料。将猪肉都切好后，笑笑先把饭煮上，然后把炒锅放在燃气灶上，往锅里面倒了些油后笑笑拧开了燃气灶。笑笑扯着嗓子喊："萧琴啊，做红烧鱼第一步是什么啊？"萧琴喊道："放生姜，去腥味。"笑笑左右看看，发现自己没切生姜，忙去冰箱取，取出生姜匆匆洗了一把之后又手忙脚乱地切。待笑笑想将生姜放进油锅里时才发现锅里正冒着烟，还散发出呛鼻的味道，笑笑吓得不敢上前。就在她六神无主的时候，油锅轰的一下起火了，笑笑吓得尖叫起来。

萧琴在屋子里听到笑笑的尖叫声忙跑进厨房，见笑笑拿着盆水想倒在火上忙拉住她，"不行，用水灭不了油锅的火的，你快去关掉煤气。"笑笑见萧琴很镇定，也渐渐稳住神，忙跑去关掉煤气。只见萧琴让笑笑找来一大块布用水浸湿后一下斜盖在油锅上，火顿时便被压下去了。

笑笑见萧琴的手被烫红了一块，难过得掉下泪来："都是我不好，笨手笨脚的，害你受伤了。"萧琴笑了笑，"没事，我这伤不严重，用水冲冲抹点食用油就好了，好在火被扑灭了，不然房子若烧起来可不得了。"说完，她走到水池边用清水冲手上的烫伤处，又在被烫红的地方抹上芝麻油。

笑笑好奇地问："你怎么知道要这样灭火啊？"萧琴笑了："我有个叔叔在大酒店做厨师，他们炒菜的时候经常会遇到油锅起火的情况，我学做饭的时候他就将灭火的方法教给我了。油锅起火的时候，千万不能用水浇，油一遇上水就会炸开，很容易四处飞溅将人烫伤。而且水一进去油浮在水上一旦溢出来可能会把别的地方也烧着。油锅起火也不能用泡沫灭火器灭火，要用湿布斜盖在油锅上。"

笑笑点点头表示记住了，然后又问："你刚才为什么要把菜都倒进锅里啊？"萧琴说："这样可以迅速让锅里的油冷下来，遏制火势。你以后做饭的时候，一定要先把食材都准备好，如果要走开，一定要把火关掉，不然油锅可能会因为油温太高而起火。"笑笑重重地点点头。然后两人小心翼翼地揭开盖在锅上的布，这时火已经灭了。

笑笑在萧琴的协助下，重新洗锅切菜，终于在爸爸回来之前成功地烧出两道小菜。晚上爸爸妈妈回来后，笑笑将发生的事说给他们听，两人都吓出一身冷汗。直到这时，爸爸妈妈才认识到让孩子学一些自救知识的重要性。

自救小贴士

厨房一直是烫伤烧伤的重灾区，滚烫的油锅、沸腾的热水，甚至一道刚刚装盘的菜都可能引发烫伤。面对厨房里的种种危机，我们该如何保护自己呢？下面就以油锅起火为例给大家列举几种自救方法。

1.遇到油锅起火时，不要惊慌，一定要保持冷静。迅速将燃气的开关关掉，如果是电磁炉，迅速切掉电源。

2.迅速将准备好的蔬菜或者其他生冷食物倒入油锅中，这样可以迅速降低油温。需要注意的是，在倒菜时离油锅稍微远一点，以免被溅出来的油烫伤。

3.如果火势不大，迅速用大块的湿布斜着盖在油锅上，一定要将整个锅都覆盖上。也可以把锅盖盖在锅上。

4.如果火势已经控制不住，迅速拨打119或110，千万不要用水或泡沫灭火器去灭火，那样不仅无法灭火，甚至会让火势更猛。

煤气泄露需冷静

煤气是日常生活中最常见的燃料，在南方，人们用它做菜，在北方，人们不仅用它做菜还要借助它取暖。煤气价格相对便宜，储备也较多，也是现阶段最为合适的燃料。然而使用煤气也有一定危险性，因为不小心就可能煤气中毒。虽然平常听人说过煤气中毒的可怕性，但是大多数人都不会在意，除非有一天厄运真正降临。

要不是那天煤气泄露，方平根本就不会想到自己身边还潜伏着这样一个无形的杀手；要不是抢救及时，说不定那一天全家人都会因为煤气中毒而死去。

那是上个月的一个周末，方平刚好放假，便和爸爸去看望姥姥、姥爷。姥姥、姥爷很久没见到方平了，一见他来十分高兴，做了一桌子好菜，拉着他的手不断问学校的事。方平和姥姥说学校里的趣事，逗得老人家哈哈大笑。不知不觉就到了晚上，冬天天黑得早，姥姥、姥爷担心他们回去不安全，便留他们在家里过夜。方平也很久没和老人待在一起了，想多陪陪他们，便欣然同意。当晚，方平的爸爸睡在客厅，方平则睡在客房。可能因为白天太过兴奋，方平怎么也睡不着，便起身打开灯，拿出书静静地看起来。

过了一会儿，他觉得屋子里闷得慌，便打开窗户，顿时一阵清冷的风扑面而来，方平只觉得精神一振。方平又看了一会儿书，他觉得有些口渴，就打开门去倒水喝。此时已经快11点了，方平担心惊醒父亲，便悄悄借着从房间里透出的光一路摸索过去。只见父亲躺在沙发上，一动不动，被子也掉在地上了。方平担心父亲着凉，便走过去帮他盖被子。方平依稀可见爸爸的鼻子正在出血，便大吃一惊，他去叫醒父亲，可是不管怎么都叫不醒。

这时方平闻到一股怪味，很像煤气的味道。方平暗叫不好，可能是厨房的煤气泄露了。他抬起胳膊咬了自己一口，让自己迅速冷静下来，努力回想之前在网上看的煤气泄露时的自救方法。

对，先找湿布，因为担心跑得太快衣服上的静电会导致煤气爆炸，方平用衣服捂住嘴慢慢走到厨房，厨房的煤气味道更大。方平慢慢挪到窗户边，迅速打开窗户，冷风一下贯了进来。打开窗户后方平又屏住呼吸拧开水龙头，将衣服打湿后捂住嘴，泼了一身水，在确保衣服都湿透后，方平立刻将煤气罐的阀门拧上，然后跑进姥姥、姥爷房里将窗户全部打开。此时姥姥、姥爷也已经陷入昏迷，方平用湿毛巾帮他们掩住口鼻。

　　被水打湿的衣服贴在身上，冻得方平直哆嗦，但他顾不上那么多，急忙将屋子里其他窗户和门都打开。接着，他又跑回客厅，一边帮父亲掩住口鼻一边小心翼翼地掏出爸爸的手机跑到门外打电话叫救护车。在讲明住址后方平又跑回厨房，因为当晚天气骤变，狂风大作，所以厨房里的煤气被风吹散了不少。方平松了口气，小心拿下捂住鼻子的湿衣服，发现屋子里的煤气味弱了不少，忙去敲对面邻居家的门，叫醒邻居来帮忙。

　　不多时，周围的人都被方平叫醒了。方平让大家掩住口鼻跟他进屋，大家一听有人煤气中毒了，忙七手八脚将方平的父亲和姥姥、姥爷抬到走廊上。恰好这时救护车也到了，方平看着父亲和姥姥、姥爷被送上救护车，放心下来，眼前一黑晕了过去。

　　第二天醒来的时候，方平发现自己也被送到了医院，原来他昨天也有轻微的中毒，再加上穿着湿衣服吹了寒风，得了重感冒。因为处理得当、抢救及时，方平的爸爸和姥姥、姥爷都已经脱离危险。方平听舅舅坐在床边报平安，心里的一块石头才算落了地。

　　舅舅边给他盛鸡汤边问："好小子，挺能干的啊，开窗户找湿布在外面打电话我都能理解，你干吗泼自己一身水啊，害得自个儿得了重感冒？"

　　方平边咳嗽边说："冬天的衣服一摩擦就会产生静电，我要是一跑指不定煤气就爆炸了，往身上一泼水就没那么干燥了，这样就不会有静电了。这招还是从我妈那儿学的，一到冬天，她早上梳头时头发总会跟着梳子乱飞，这时她就会往头发上抹点水，头发马上就听话了。我昨天要是一直慢悠悠地开窗、开门，我爸和姥姥姥爷万一中毒太深怎么办，一泼水我不就能跑着去开窗了么。"

舅舅听了哈哈大笑，"亏得你机灵。对了，待会见了姥姥好好安慰下她，她现在还在抹眼泪呢，说是差点害了自己的乖外孙。"原来，姥姥昨天临睡前用煤气灶烧壶水，水壶是拿走了，却忘记关阀门，结果煤气一点点漏出来，很快就从厨房向其他房间泄漏。方平因为想让头脑清醒一下开了窗，才从煤气的魔爪下逃了出来。

打这以后，姥姥家只要用煤气灶，必定会开窗，不用时也会反复确定阀门是否关好。因为利用得当，姥姥一家再也没发生过煤气泄漏事故，大家也都学会了煤气泄漏时的自救措施以防不测。

自救小贴士

要不是方平机智冷静，只怕已经酿成悲剧了。发现家人或朋友出现煤气中毒的情况时，我们该如何自救呢？请各位牢记以下几点：

1.保持冷静，不要自乱阵脚。以下几种行为要绝对禁止：一是开关灯或其他电器；二是开关抽油烟机和排风扇；三是在室内打电话报警。因为这些行为都可能会引起火花，一旦出现火花，泄漏的煤气很可能被引爆。这时正确的做法是到室外切掉总闸。当然，更加不能在室内点火，如果是冬天，不要慌忙奔跑，因为摩擦可能会让衣服产生静电，产生火花从而引爆煤气。

2.慢慢走到煤气罐前关掉总阀门，不让煤气进一步泄漏，如果这时你发现钢瓶的阀门处已经开始着火了，一定要保持冷静，用湿布裹住手或者带着湿的布手套然后关闭阀门。千万不要徒手拧阀门，以免被烫伤。这时不能因为害怕而试图将钢瓶搬到外面或者弃之不顾，因为在移动过程中钢瓶很容易发生爆炸。如果瓶口实在已经关不严实，这时千万不要试图去将火扑灭，因为一旦将火扑灭，钢瓶中的压力会骤升，从而造成液化气大量外泄，后果不堪设想。

3.尽可能迅速将室内的门窗全部打开，确保新鲜空气迅速涌入。这样可以迅速降低室内的煤气浓度，如果室内已经有人出现中毒迹象，迅速到室外打电话叫救护车，之后在室外有新鲜空气的地方等候。尽量不要回到满是煤气的房间，如果一定要进入，必须用湿毛巾或湿布捂住口鼻。

谨慎使用微波炉

张媛媛最近心情很好，有事没事都会哼着小曲儿，走路的时候膝盖抬得别提有多高了。这是为什么呢？原来在她的百般恳求、万般催促下，爸爸妈妈终于买了台微波炉回来。虽然微波炉只是一种常见的厨具，但是在张媛媛看来，这标志着他们家的厨房迈入了一个新时代。

张媛媛现在15岁，正处于人生的花季。和其他的女孩不同，她既不喜欢看书，也不喜欢弹琴，对做小手工更是没有任何兴趣。张媛媛最喜欢的，就是周末的时候在网上浏览菜谱，按照上面的步骤做出一道道美食。因为做得一手好菜，张媛媛被同学们戏称为"厨神张"。张媛媛的爸爸妈妈虽然做的菜也不错，但是做来做去都是些家常菜。张媛媛就不同了，网上五花八门的菜谱，但凡她觉得有趣的，都会千方百计地找到原材料做出来吃，往往让家里人吃到各种惊喜。因为这，爸爸妈妈也不限制她发展这一独特的爱好。自从在网上看了用微波炉做纸包鸡的做法，张媛媛就彻底惦记上了微波炉。微波炉在她心中的形象一下变得高大无比，简直成了她迈向厨神之路的必备神器。

为了让爸爸妈妈给她买微波炉，张媛媛不知道费了多少口舌，她不断地向爸爸妈妈说明微波炉是如何如何环保，如何如何节能，如何如何高效，做出来的菜是如何如何好吃。总而言之，现代厨房没有微波炉这一神器实在是太OUT了。爸爸妈妈拗不过她，只得抽出一天去逛了下电器商城买回一台微波炉。微波炉到家的那天媛媛乐坏了，拿出说明书看了一通之后迫不及待地捣鼓起来，当天下午就兴冲冲跑到超市买了做纸包鸡的材料，回来后又是一通捣鼓，最后竟然真的成功了。之后的几天，媛媛只要在家，便会乐此不疲地用微波炉做这做那，微波炉那"叮"的一声，在她看来是世上最美妙的音乐。

又到了周末，家里来了客人，是小姨一家。小姨不仅自己来了，还带来才4个月大的小表弟。媛媛一见乐坏了，抱着胖乎乎的小表弟不撒手，小姨也就任由她抱着。小表弟虽然只有4个月，但是长得十分可爱，一点儿不怕生。媛媛将他放在沙发上，对着他做鬼脸，小婴儿见了，高兴得咯咯直笑，一大一小在沙发上玩得不亦乐乎。大人们见媛媛将小宝宝照顾得妥妥当当，便放心到一旁说闲话去了。这边媛媛正小心翼翼地摸着小表弟粉粉嫩嫩的小脸，小婴儿忽然一皱眉哭起来。媛媛一下慌了，以为自己弄疼他了，忙抱起小孩儿轻轻地拍，可是小婴儿还是哭闹不止，小姨说："媛媛你看他是不是尿湿了？"媛媛一看，没有啊，尿不湿是干的。小姨说："那大概是饿了，等下我去给他热牛奶。"说着便要起身，媛媛忙对小姨说："小姨您来抱他吧，我帮您去热。"说着便将小表弟递给小姨，自己匆匆拿着奶粉进了厨房。

到了厨房后，媛媛麻利地往小碗中倒奶粉，又倒了些凉白开，搅拌一下后便放进了微波炉。客厅里小表弟哭得更惨了，媛媛看着小碗在微波炉里转啊转，恨不得催它快点再快点。终于微波炉"叮"了一声，媛媛忙取出牛奶往客厅跑。可能是因为跑得太快了，媛媛被厨房的门槛绊了一下，整个人往前倾，碗里的牛奶一下洒了出来，有一些泼在了媛媛的手上，媛媛只觉得手上传来一阵剧痛，尖叫一声将碗摔在地上。

客厅里爸爸妈妈听到媛媛的喊声忙跑过来问："怎么了？怎么了？"只见媛媛的右手红了一大片，开始起水泡了，媛媛疼得眼泪都掉下来了。顾不得解释，媛媛跑到厨房的洗碗池边拧开水龙头慢慢地冲烫伤的地方，过了一会儿媛媛缓过劲儿来，让爸爸妈妈给她找干净毛巾包伤口。待包扎好伤口后，媛媛和爸爸一起去小区的医务室，小姨则用白开水兑着凉白开给表弟重新冲了奶粉。到医务室后医生很快给媛媛的伤口做了处理，还夸她的急救措施做得很好。然而媛媛一点儿也不开心，她不明白，明明自己端着碗的时候只是觉得温温的，为什么碗里的奶居然这么烫？

回家时小姨他们已经回去了。媛媛带着疑问打开电脑，在百度里输入自己的疑问，不多时网页上便显示出答案。原来媛媛遭遇了微波烫伤。

微波烫伤对于医生们来说并不少见，不同于一般电器的加热方式，微波炉是通过激化分子来实现加热的，如果用微波炉加热液体，往往液体已经很烫了，但是承载液体的容器并不烫。如果这个时候直接饮用你觉得温热的饮品，很可能会造成严重的口腔烫伤。媛媛看到这里，吓出一身冷汗，要不是跑的时候太快被绊了一下，说不定小表弟就被烫伤了。他那么小，皮肤那么嫩，要是喝了滚烫的奶，说不定会因此致残呢。

网页上还说，微波烫伤和一般的烫伤一样，可以用通用的烫伤自救方法来处理。关掉网页媛媛急忙打电话给小姨，说明微波烫伤的可怕性，嘱咐小姨以后千万不要用微波炉给小宝宝热奶。小姨在电话那边忙应了，并笑着说："今天这牛奶就是没泼，你弟弟也不会被烫伤的。我们给他喂奶之前都会自己试试温度，要是太烫根本不会给他喝，不过这种小细节还是要多注意，要是家长太粗心，说不定就出大事了。"媛媛笑着直点头。

接下来的一些日子，媛媛在网上搜集了不少厨房用具的使用注意事项。经过这次烫伤事件，媛媛才知道，美食虽然重要，安全更重要，正确地使用这些帮手，她才有可能真正成为食神。

自救小贴士

随着居民生活水平的提高，越来越多的新型电器走进人们的厨房。这些电器的使用极大地减轻了人们烹饪的负担，但是不恰当地使用也可能对人们的生命健康造成危害。微波炉相比较于一般的家用电器，除了可以迅速加热食物，还可以给食物食具消毒，甚至能制作脱水蔬菜，总之功能多多。然而在使用微波炉时，一定要注意以下几点，以免让喜剧变悲剧。

1.不要超时加热食物。微波炉虽然可以给食物消毒，但是一旦加热时间超过两个小时，里面的食物就不宜再食用了，如果食用，很可能引起食物中毒，得不偿失。

2.不要将普通的塑料容器放入微波炉中加热。因为在加热过程中，食物不断升温会让塑料容器变形，而一般的塑料容器在受热后会释放出有毒物质，这样便会污染食物，食用这样的食物会对人体健康造成损害。

3.不要将金属器皿放入微波炉中。因为微波炉在工作时会与其产生电火花，对微波炉本身造成损害，而且金属器皿会反射微波，这样不容易让器皿内的食物熟透。

4.如果要加热液体，一定要使用阔口容器，如果将液体放在封闭容器中，加热时容器内部无法散热，会导致容器内部压力过大而发生喷爆。如果加热的食物带壳，一定要在加热前将壳膜刺破，这样才能避免爆炸。此外还要注意不要将整个鸡蛋放入微波炉中加热，因为这样很容易造成爆炸事故。

5.不要用微波炉加热油炸食品。因为食物上的油会因为高温而飞溅产生明火。如果炉内已经起火，不要慌张，保持冷静，先迅速切断电源，待炉中的火熄灭后再打开炉门降温。

6.不要将微波炉放在卧室中。确保微波炉上的散热窗栅能够正常散热，不要将布或者其他东西盖在微波炉上。

7.不要长时间待在工作的微波炉前。微波炉开始工作后，人要尽快远离微波炉或者与其保持1米以上的距离。家里有小孩或者孕妇，要尽量避免他们接近微波炉。

8.重视微波炉的清洁工作。特别是炉门上的食物残渣，一定要清理干净，确保炉门能正常闭合。否则微波将从未闭合的炉门露出来，对人体造成危害。

小虫入耳莫慌张

要问什么能让女生尖叫，答案虽然五花八门，但色狼和蟑螂一定会位列其中。其中任何一种，都会将女生吓得花容失色。当然，也不乏挥包猛打色狼和拿着拖鞋猛砸蟑螂的"女汉子"，但是大多数女生在看见蟑螂和色狼时的第一反应都是惊声尖叫。赵云就是这样的一个女生。

赵云和历史上那位勇猛大将同名同姓，但她一点都不威猛强壮。事实上，她的胆子很小，甚至比一般的女生还要小。她说话细声细气，上课时稍微大一点的响动都会把她吓得浑身一颤。她性格内向，沉默寡言，不善交际，在班上的存在感很弱，是班上有名的"小透明"。

赵云害怕的东西很多，将这些东西罗列出来，可以写出长长的一串清单，排在榜首的是蟑螂。赵云只要看到蟑螂，哪怕只是一团疑似的黑影，都会吓得歇斯底里尖叫不已。当然，她也怕其他虫子，不管是甲壳虫还是菜青虫，她都怕，甚至是学生最爱养的蚕宝宝，也能将她吓得脸色发白。虽然大多数女生都反感虫子，但是害怕到她这种程度的并不多，大家都说赵云患有"恐虫症"。

其实赵云小时候胆子虽然不大，却也没有现在这么小。只是她上小学二年级的时候，班上的男生恶作剧，抓了一只蟑螂夹在她的面包里。赵云拿起面包后蟑螂从面包里爬出来，然后迅速地爬到她身上，之后顺着她的裤子爬到地上逃走了。虽然时间很短，但赵云还是被吓得差点崩溃。之后她一连几个星期都不肯去学校，当她再去学校的时候，就变得沉默寡言极度胆小了。而就是这样一个极度怕虫的女孩子，却不得不与虫来一次亲密接触。这究竟是怎么一回事呢？

初三的下半学期，老师为了调整学生们的状态，特意在一个周末带他们去郊外踏青减压。郊游当天，赵云和同学们一起乘坐学校租的大巴出发。

坐在车上，看着车窗外不断掠过的树影和大片大片金黄色的油菜花，大家都激动万分。自从上了初三，他们好久没有这样放松了。从车窗吹进来的风带着清新的香气，让这些每日埋头苦读的学生精神一振，一路上大家都兴高采烈叽叽喳喳地说个不停。下了车，学生们就像脱了缰的野马四处撒欢，看什么都觉得新奇，就连内向的赵云见了眼前的明媚春景都有些激动。老师们好不容易将学生召集在一起，说了注意事项后才放他们自由活动。

赵云和好朋友洛英边说着话边向前方的田野走去。田埂上开着很多不知名的小花，虽然没有花店的花那么大那么香，但小小的一株在微风中微微颤抖很是叫人心生怜爱。有种白色的小花星星点点铺满了整个田埂，仔细看时，可以发现那花长得像星星一样。

两个人就这样慢慢地在田边散步，遇到正在务农的叔叔阿姨，也会和他们打招呼。不知不觉到了中午，疯玩了几个小时，大家肚子里的早餐早就消耗殆尽，纷纷喊饿。老师将大家召集起来，从车上拿下一些一次性桌布，铺在地上，然后几个人一组坐下来吃饭。

赵云和洛英同另外三个女生一组，坐在一块桌布上，大家边赏景边吃午饭。洛英将自己带的菜分给其他人吃，赵云也忙红着脸给另外几个人夹妈妈给她装的炸鸡块。另外几个女生见状也将自己带的菜分给她吃，午餐的气氛十分融洽。赵云虽然和那几个女生同班已经快三年了，但是交情并不深，如今见她们能如此友善地对待自己，激动得耳朵都红了。

吃过午饭后大家又四处走了走，拍些照片，到下午三点半的时候他们准备回去了。在离开前，大家找个景致最好的地方拍了集体照，然后就上车了。赵云坐在车窗边，小声和洛英商量，等中考结束后她们再一起到这里玩。正说着，中午和她们一起吃饭的女孩儿们上车了，手里都拿着花。她们冲赵云笑笑，将手中的花递了一些给赵云，"给，谢谢你今天中午请我们吃炸鸡。"赵云的脸羞得通红，小声地说："我，我也吃了你们的菜。"女孩们见她这样子，愈发觉得她可爱，不由分说地将花塞到她手

105

中，"好啦，拿着吧，我们都很喜欢你哦，小云。"赵云一听，脸红得愈发厉害了，她看着手中的花，羞涩地对女孩说："谢谢你们。"女孩儿们点点头朝后排走去，赵云扭头看看洛英，眼睛亮亮地："小英，有人说喜欢我呢。"洛英忍住笑："不是很好么？"赵云点点头，轻轻地凑过去闻了下花，小声说："真香啊。"坐在她们附近的班主任则有些忧虑地看了赵云一眼，他记得这个女生胆子很小，似乎是小时候受过什么惊吓，之后一直被家人保护得很好，所以虽然已经15岁了，可是情商还和小学生一样。这样的孩子，以后走上社会了要如何自立自保啊？

回到学校后老师让学生们直接去休息，玩了一天，大家都筋疲力尽，草草吃过晚饭洗漱一番后便都歇下。赵云回到寝室后，用空饮料瓶盛装同学送给她的花，又将花放在了床边的桌子上。洗漱完毕，赵云笑眯眯地小声和花儿道了晚安，然后在花香的萦绕下香甜地入睡了。

赵云是被耳中的一阵骚动弄醒的，她觉得左耳里面怪怪的，似乎有什么东西一直在挠，还发出沙沙的声音。赵云被这诡异的动静弄得毛骨悚然，她很怕，又担心影响寝室其他人休息，只好坐在床上小声地哭。虽然赵云已经尽量压低自己的声音了，但还是将睡在她旁边的洛英吵醒了。洛英揉揉眼，迷迷糊糊地坐起来问："小云，怎么了？出什么事了？"赵云边抽噎边小声说："我，我左耳里面有东西。"洛英忙起身去开灯，赵云拉住她，"别，别把她们吵醒了。"这时寝室的老大简佳接口道："已经醒啦，洛英快去开灯。小云你也真是的，怎么不叫醒我们呢？"

洛英打开灯，几个女孩儿都围上来帮赵云看耳朵，这一看不打紧，其中一个女孩儿吓得尖叫一声："里面有一只小虫子。"洛英想拦住她，可惜已经来不及了。

赵云一听吓蒙了，哭着就用手去掏，可是掏了半天也没将虫子弄出来，虫子在耳朵里动得更厉害了，赵云只觉得左耳里嗡嗡直响。大家也都急了，寝室长掏出钥匙，打算用钥匙扣上的掏耳勺帮她掏，结果也没用。这时洛英一拍脑袋，忙问众人："你们谁有手电筒，快拿出来。"这时其他人也回过神来了，忙找出手电筒，又关上灯。赵云见寝室一下黑了，愈发觉得可怕，洛英忙安慰道："小云，你冷静一点，虫子马上就出来了。"说着让赵云侧着头，用手轻轻拉着她的耳朵，然后用手电筒照她的左耳。

过了一会儿，赵云觉得左耳痒痒的，好像有什么东西在往外爬，大家都屏住呼吸睁大眼耐心等着。不一会儿，一只小小的绿色虫子从赵云的左耳中爬出来，它振振翅膀，飞到赵云床边的野花上，看来它是被花香引进来的。大家打开灯，洛英将野花移到了窗台上，赵云这时也冷静下来，擦干眼泪摇摇头，发现耳朵里已经没有奇怪的感觉了，便放下心来。

第二天，洛英一下课就跑进教师办公室，不多时捧着本书出来了。一进教室洛英将书递给赵云，那是一本昆虫大百科，赵云一见书封面上的虫子就想往外扔，洛英忙制止住她："昨天要是大家都想不出办法，那只虫子岂不是要在你耳朵里待上一夜？俗话说知己知彼百战百胜，你要是了解虫子的习性了，以后自然有治它们的法子。一味逃避是没有用的，你不能一辈子缩在自己的壳里。"赵云看着好友鼓励的目光，鼓足勇气翻开那本看上去很可怕的书。为了克服自己内心的恐惧，赵云在接下来的两个月里每天都会翻一翻这本书。起先翻看的时候觉得很可怕，可随着时间的推移，那种恐惧感渐渐消失了，而她对昆虫世界也越来越感兴趣。不仅如此，她和同学的交往也顺利很多，胆子大了不少，现在甚至能够主动站起来回答老师的问题。看到她这一系列的变化，最高兴的莫过于洛英了，只有走出儿时的阴影，赵云才能真正见识到这个世界的美丽。

自救小贴士

昆虫是世界上分布最广种类最多的生物，也是人类的好朋友之一。如果没有昆虫的存在，大多数的植物将没有办法延续后代，而以这些植物为食的人类也将无法生存，因此昆虫是我们人类重要的伙伴。

当然，昆虫们有时候也会给我们惹一些小麻烦，比如趁我们不注意的时候钻到我们的耳朵中。当小虫子不小心钻到耳中时，我们应该怎么办呢？以下是一些简单实用的自救手段。

1.发现小虫子钻进耳朵后不要慌，也不要用工具乱掏，这样不仅可能会伤到鼓膜和耳道，而且会惊动虫子，让它越钻越深。在发现小虫子进入耳朵后，先营造一个完全黑暗的环境，然后用手电筒照外耳道，小虫子在光的指引下会慢慢爬出来。

2.可以往耳朵里喷一口香烟，这样可以将小虫子熏出来。

3.取一点食醋，滴几滴到耳朵里，这样小虫子也会自己爬出来。

4.侧着头，有小虫子的那只耳朵向上，往耳朵里滴几滴食用油，这样小虫会被闷死或者淹死。然后轻轻翻身让有虫子的那只耳朵向下，让里面的油慢慢流出来，这样也可以带出小虫子。这种方法和上一种方法在成功后都要用棉签对耳朵进行清洁，以防感染。

饮水适量不中毒

在讲故事之前，先问大家一个问题。你们会喝水吗？

想来大家听到这个问题，肯定不以为然，喝水？这还是个问题吗？这是人天生就会的本能啊！现在连小孩子都知道，每天要喝8杯水。稍微讲究点的人，在不同的时候喝的水还不一样。比如：早起后的第一杯水，可能会放上柠檬片和盐，这样有助于身体更好地排出毒素；上午上班的时候，喝上一杯浓浓的咖啡，可以提神集中精力；中午吃过午饭后，喝上一杯清茶，可以解油腻降脂；晚上睡觉前，喝上一杯牛奶，或者往白开水里加上一点白醋，或一点蜂蜜，可以安然入睡，一夜好梦。要是更加注重养生的人，甚至连每天喝水的时间都会定时定点，丝毫不马虎。可见，喝水虽然是一件平常的事，但人们对它的重视程度不可小觑。

大人总是告诉孩子，平常要多喝水，尤其在炎热的夏季，

111

喝水可以及时补充人体的水分，降低体温。可是你知道吗？如果饮水过度，可能会"水中毒"哦。陈莉这个暑假就彻底体验了把"水中毒"，用她的话来说，简直是苦不堪言，犹如噩梦一般。那么，这场噩梦究竟是怎样发生的呢？

两个月前，陈莉的中考成绩考得不错，够上市里的重点高中了，家人特别高兴。陈莉忙让爸妈兑现对自己的承诺，原来陈莉早和爸妈说好了，如果中考的成绩够上市重点高中，他们就带她去旅游。陈莉妈妈看陈莉这几个月因为备考而瘦下去的脸，哪有不答应的，当下拍板带她出去玩，想去哪儿就去哪儿，当然，只能在中国境内。陈莉高兴得一蹦三尺高，拿着中国地图来来回回看，最后决定去庐山。一来当时是夏天，去山上正好避暑；二来庐山离她家也不远，不用占爸妈太多时间；三是她在网上查了好几个景点，算来算去还是去庐山花钱最少。虽然妈妈说去哪里都可以，可是升了高中她的开支将会更大，还是省着点好了，至于其他地方，等她长大挣钱再带爸妈去。

打定主意后，陈莉便对爸妈说想去庐山，他们自然同意。准备妥当后，一家人就准备出发了。谁知出发前一天爸爸忽然有急事，不能去了，而妈妈也只是这几天有空，错过就没时间陪她玩了。结果，陈莉期待已久的三人旅行最终变成她和妈妈的双人游。这次她们并没有报旅行团，而是自助游。妈妈先在网上订好旅店，然后和陈莉一起登上了去庐山的大巴。

到了庐山，陈莉和妈妈先去定好的旅店放行李，然后在外面吃饭，回到旅店后早早休息，储备好体力第二天一早去登山。

山下的空气很好，旅店的房间隔音效果也不错，陈莉和妈妈美美地睡了一觉。第二天一早，吃过早饭，两人背着相机和水壶就开始登山。这天天气不错，阳光灿烂，陈莉和妈妈出发得早，上山的人不是很多，从山上往下走的人倒是不少，看来是凌晨上去看日出的人。陈莉和妈妈边走边看周围的风景，但凡遇到好看的景色，都会停下来拍照。虽然早上气温不是很高，但是陈莉从升入初三后就没怎么锻炼身体，稍稍走了一会儿就满身大汗。她忙拿出随身携带的水壶，仰头咕噜咕噜喝起来。这时登山的人渐渐多起来，既有满头白发的老爷爷，也有被父母抱着的小孩子。陈莉妈妈边走边和大家说话，一问才知道他们也是来庐山避暑的，大家说说笑笑着继续走。老爷爷还讲他以前在黄山看日出时的趣事，听得陈莉向往不已。这时他们已经走了不少路了，陈莉抬头看远处漂浮着的云海，觉得自己好像到了仙境。不知不觉，她又觉得口渴了，忙拿出水壶补充水分。很快她带的水被喝完了，她晃晃空水壶，觉得意犹未尽，便向妈妈要水，妈妈忙拿出自己的水壶递给陈莉。陈莉故作豪迈地拧开壶盖，仰着头又开始咕噜咕噜地喝，喝得差不多了，她一抹嘴将水壶还给妈妈，还怪声怪气地说："好酒，好酒！"逗得大家哈哈大笑。

　　走了半个小时，陈莉又觉得渴得厉害，就将妈妈的那半壶水也要过来一口气喝掉了。这时气温渐渐升高了，虽然不时有山风吹来，也喝了不少水，陈莉还是汗流浃背。走了几步，突然觉得眼前一花，陈莉忙扶着旁边的一块石头稳住身子，深呼吸几次后才觉得好受一些了。

这时妈妈见她神情不对，忙问她怎么了，陈莉苦笑一下："没事儿，可能是太久没运动，一下适应不过来。我歇一歇就好了。"

妈妈拿出随身带的湿巾给她擦脸，边擦边说："你要是累了我们干脆下山去休息，中暑就不好了。"

陈莉慌忙摆手："妈，我没事儿，咱们娘俩难得出来一趟，不去'一览众山小'岂不是太亏了。而且我喝了那么多水，怎么会中暑呢，你放心吧，我精神着呢。"

说罢她便站起来伸伸胳膊伸伸腿，妈妈见她这么说也就放下心来。

母女俩相互鼓励着继续往上走，不一会儿陈莉又觉得渴了，可是她们带的水早让她喝完了，这可怎么办呢？这时同行的老爷爷说前面不远有小商店，可以买水喝。陈莉一听可以买到水，马上精神抖擞起来。果然，又走了一会儿，就见树荫下有小摊子，是本地人在卖纪念品。陈莉跑过去一看，小玩意儿还不少，她打算挑几个带回去给爸爸、爷爷、奶奶，还有好朋友小秦。这么一想，她便蹲在小摊子前认真挑起来。正挑得高兴，另一边妈妈买好水走了过来。她接过妈妈递过来的冰镇饮料仰头一口气喝光，顿时觉得浑身舒畅。挑好纪念品付过钱后，母女俩坐下来休息。

这时就见陈莉又拿过水来喝，她妈妈问："你刚才不是喝过了嘛，怎么又渴了？"

陈莉边喝水边说："那些饮料一点也不解渴，喝下去一点感觉也没有。再说了，电视上都说了，等到觉得口渴再喝水其实已经晚了，夏季要不时给自己补充水分。"

"是吗？"妈妈将信将疑，然后摘下帽子扇风，给她擦汗。

歇够了，母女俩便又上路了。这时登山的人已经不像刚才那么多了，大多数人都在歇息，陈莉扶着腰笑着对妈妈说："要是隔三岔五来这儿一趟，保管能减肥。"

妈妈喘着气摇头："你饶了我吧，你妈我可经不起这么摧残。"

两人边笑边继续往上走，就在这时陈莉忽然觉得头发晕，手脚无力，接着就觉得胃里一阵翻滚，恶心得不行。她扶住一旁的树，一下子吐了出来。妈妈见她这样一下慌了，怎么了这是？她上前帮女儿拍背，陈莉不停地吐，将一路上喝的水都吐了出来。见她吐得差不多了，妈妈掏出纸巾给她抹嘴，又将她扶到一旁歇息。一旁路过的游客也从包里掏出藿香正气水准备给她服下。大家以为陈莉中暑了，不少人还准备给她喝冰水，哪知陈莉靠着妈妈，已经神志不清了。这下众人都慌了，严重中暑可是会出人命的啊！幸好这附近有缆车，两个来旅行的小伙子帮陈莉妈妈将陈莉抬进缆车，又陪她把陈莉送到了山下的医院。

众人将陈莉送到医院后医生一诊断，说是"水中毒"。大家都疑惑不解：水中毒，是说水里有毒吗？

医生摇摇头，"水中毒不是说饮用水中有毒，而是指因为饮水不当引起的一种病症。一般来说就是饮水过量导致的。我们常常说夏季要多喝水，补充体内的水分，但并不是说水喝得越多越好。如果在短时间里饮用了大量的水，体内的盐分却没有及时补

115

充，就很容易造成轻微的水中毒。呕吐、头晕、四肢乏力都是水中毒的表现。"

大家听后都觉得后怕，刚才众人都以为陈莉是中暑了，还想着要给她喂水呢。要不是因为陈莉晕了没法喝，只怕这时大伙都又给她灌下几瓶水了。这些水喝下去，真不知道会出什么事。

陈莉妈妈问医生："那大夫，水中毒严不严重啊，以后会不会留下什么后遗症啊？"

医生摇摇头，道："这倒不会，很少有人因为水中毒而死，只要及时排出体内多余的水分就好了。你们也不用太担心。"

一同来的小伙子又问："那要是在野外有同伴水中毒了，有急救的方法吗？"

医生想了想说："现在也没有什么特别有效的急救方法，一般都是采取一些预防措施。如果真的出现了水中毒的症状，首先不能再给患者喝水，要严格控制他的进水量；然后如果手头有甘露醇、山梨醇或利尿剂呋塞米等类药物，可以给患者进行静脉输液，这样也有助于患者及时排出体内多余的水分。不过一般来说，很少有人会随身携带这样的药物，静脉注射也不是人人都能操作的，所以最好的办法还是迅速将病人送到医院救治。"

小伙子们点点头，又问："那我们要怎样预防水中毒呢，不过度饮水就可以了吗？"

医生点点头道："对，这也是最重要的一点。当然，还有其他的预防措施，比如：你们出来旅游的时候，可以在出发前多喝点水；如果中途觉得口渴，不要猛灌，要小口慢饮，一次不要喝太多，以免破坏体内的水盐平衡；还可以在自己携带的饮用水里放上一点点盐，喝这样的淡盐水可以避免水中毒。还有就是少喝冷饮，否则很容易伤害到脾胃，会越喝越渴，让人不知不觉地就饮用超过正常量的水。"

大家连连点头，这时陈莉也醒了过来，听了医生的话苦笑道："唉，不能犯的我几乎一条都没落下，难怪会中招。"

医生笑了笑，说道："这也不能怪你，天热要多喝水已经成了大家的共识，再加上水中毒的情况也不是经常发生，不知道怎么预防也是正常的。不过这两年水中毒的人越来越多，你们回去后还是和家里的亲朋好友都说一说，虽说大部分情况下水中毒要不了人命，但凡事都有例外，平时还是要注意一下好。"大家都觉得有道理。

在医院休息了一个下午后陈莉便恢复了体力，第二天她和妈妈坐着缆车到了山上，看着脚下浮动的云海，觉得不虚此行。然而在她看来，这次旅行的最大收获并不是切身领略到自然之美，而是懂得了凡事要适可而止、不能盲从贪多的道理。否则，就连喝水也会中毒。

自救小贴士

如果不是特意提醒，大多数人都不知道原来喝水也会让人中毒吧。"水中毒"这三个字组合在一起看着陌生，其实它离我们很近，稍有不慎我们也有可能水中毒。目前，针对水中毒并没有特别有效的急救手段，除了控制进水量外，最有效的方法就是迅速将患者送往医院。既然没有办法自救，那么就让我们学会预防吧。

1.及时补充盐分。夏季人体会排出大量汗液，从而加重人体内的无机盐的流失。无机盐缺乏是造成"水中毒"的主要原因，因此在夏季一定要注意及时补充盐分。一般来说，在500毫升的水里加上1克盐便能满足人体需要了。

2.要"少量多次"。喝水的时候不要一次喝太多，每次少喝一点，慢慢咽下去，这样有助于人体吸收水分。一般情况下，每次喝水100毫升到150毫升即可，两次喝水的时间间隔为半个小时。

3.夏天不要喝冰水。冰水很容易让人患上急性消化系统疾病，而且冰水并不能起到止渴的作用。夏季饮品的温度应控制在5℃以上，最好是喝10℃左右的淡盐水，这样的水既可以补充人体流失的水分和盐分，还不会伤到肠胃，降温的效果也不错。

蚊子叮咬怎么办

妈妈要出差，钱蝶自告奋勇地帮妈妈收拾行李，清凉油、花露水等但凡能驱蚊止痒的东西钱蝶都给妈妈带上。妈妈倚着门哭笑不得，"妈妈只是去凤凰出差，又不是去蚊子窝，不用放这么多啦。"钱蝶摇摇头，严肃地对妈妈说："那是因为你没有见识过山里的蚊子有多厉害！那些蚊子都成精了，不得不防。"爸爸妈妈摇摇头。自从那次夏令营后，钱蝶就对蚊子保持着高度警惕，因为在夏令营时钱蝶被蚊子"袭击"了，留下了心理阴影。

不过钱蝶本人是不会承认那是心理阴影的，她只是不希望自己难得的暑假被蚊子破坏掉而已。钱蝶最喜欢夏天了，夏天可以穿花裙子，吃好吃的冰激凌，还可以参加好玩的夏令营，真是个令人开心的季节。每年一到暑假，钱蝶就会迫不及待地参加各种各样的夏令营，在不同的地方结识陌生的朋友。要说这些夏令营中哪次最让她难忘，无疑是初三那年参加的那一次。

之所以难忘，一方面是因为那次夏令营选址不错，在一个山清水秀的地方，美丽的湖光山色令这群一直生活在钢筋水泥森林中的孩子着实惊艳；另一方面是，在那次夏令营中，钱蝶真正见识到了蚊子的厉害，经历了一场终生难忘的"人蚊大战"。

这个世上为什么要有蚊子这种生物呢？钱蝶想不通，花裙子、冰激凌和游泳池构建起来的美好夏日，总会被那阵阵闹人的嗡嗡声给破坏掉。也许有一万个理由让我们爱上夏天，但是一只蚊子就可以让我们彻彻底底恨上夏天。夏日有蚊子，实在是人生一大憾。平日在家里还没觉得蚊子那么讨厌，等到了训练基地后，钱蝶就真正见识到了蚊子的可怕。

她现在还记得，开营那天天气不错，一大早她就兴奋地拎着妈妈准备好的行李出发了。她和一群陌生的同龄人一道上了旅行大巴，渐渐远离熟悉的城市，到了那个被群山环绕的训练基地。钱蝶一下车便觉得温度适宜，阵阵山风吹来，让原本昏昏欲睡的众人都精神一振。大家下车后就开始打量这个陌生的地方，只见群山巍峨，连绵不绝，山坡上长满了树，郁郁葱葱，时不时能听到虫鸣鸟叫，不远处还有一个小瀑布，瀑布下面碧青的潭水如同一块碧玉，泉水在阳光下泛着波光，真美啊。大家在心里暗暗惊叹，不少女孩子已经走到小溪边，挽着裤腿蹲下来洗脸；调皮一些的男孩子甚至还打起了水仗。

带队的老师问大家："你们喜欢这里吗？"

众人齐声吼道："喜欢！"

　　声音之大，惊得林子里的鸟儿一阵乱叫，大家都笑了起来。钱蝶放好行李箱，也加入嬉戏的队伍。呀，小溪里还有鱼呢，她惊喜地伸手去抓，最后还真抓住一条。老师们见他们玩得欢，又告诉了他们一个好消息：今晚，大家就在小溪前的平地上宿营。一听这话，大家更乐了。在外面搭帐篷睡，岂不是可以看到星星，真好啊，这次真是来对了。

　　下午老师带着孩子们搭好帐篷，又用带来的食材和孩子们抓的鱼虾做了饭菜。大家美美地吃完饭后便都睡下了，因为白天玩得太疯，所有人都累坏了，头一挨枕头便进入了梦乡，哪里还记得看星星啊。

　　半夜，钱蝶忽然被一阵嗡嗡声吵醒了。她迷迷糊糊地伸手从枕头下拿出手电筒打开一照，顿时被吓醒了。灯光照过的地方全是蚊子，成千上万只蚊子在她眼前飞舞盘旋，这场景实在太吓人了。很快钱蝶就觉得自己的手上、脖子上、腿上都开始发痒，她用手电筒一照，好家伙，光腿上就歇着六只花腿大蚊子。钱蝶忙用手去拍，哪知那些蚊子非常机灵，她还没拍上，它们便一哄而散了。和钱蝶睡一个帐篷的女孩子也被咬醒了，一见这么多蚊子，吓得尖叫起来。这时钱蝶就听见附近的帐篷似乎也有动静，想来大家都被咬醒了。

　　钱蝶正忙着拍蚊子，就听外面传来男生的吼声："这是蚊子还是妖怪啊！这么大，三只够炒一盘菜了。"

　　另外的帐篷也传来应和声："就是，这些蚊子是不是平时没怎么见过人类啊，一个比一个毒。好家伙，个个都是蚊子里的战斗机啊。"

旁边的帐篷又传来说话声："喂，你们说这蚊子是公的还是母的啊？"

一个声音道："你管这个做什么，赶快拍啊，不怕被蚊子大军抬走啊。"

这时一个清冷的声音加入了进来："咬人的都是母蚊子，因为她们要延续后代，公蚊子只喝露水。"

这个声音钱蝶知道，是带队老师的声音，想来他也被吵醒了。顿时整个营区你一言我一语，热闹起来。

然后钱蝶又听有人哀叹："以前看沈复说'夏蚊如雷'，我还笑他夸张，今天算是真正见识到什么是'夏蚊如雷'了。不过我可没兴趣把蚊子当仙鹤来赏，你们有没有什么驱蚊的法子啊，这蚊子根本就赶不尽拍不完啊。这样下去咱们今晚别想睡了。"

钱蝶拍了半天，觉得手都酸了，拍死的蚊子也没几只，却把自己给累够呛。最后，她顾不上拍蚊子，忙找出清凉油擦被蚊子咬过的地方。

这时就听见另外一个老师的声音："你们谁和我一起去找些艾蒿吧，将艾蒿点燃就可以赶走蚊子了。"立刻就有几个男生响应，和老师一起去找艾蒿了。

不多时他们便回来了，钱蝶从帐篷里探出头一看，只见男生们将带回来的艾蒿分成几小堆，在营地附近点燃了。不多时众人就闻到一股有些呛鼻的清香，而帐篷里的蚊子则开始乱飞乱撞。钱蝶忙打开帐篷门让它们飞出去，不一会儿帐篷里的蚊子就都飞走了。刚才还乱成一团瞬间安静下来，钱蝶和那个女生面面相觑。要不是手上还有被蚊子咬出的大包，她真的怀疑刚才的一切都是梦。没有了蚊子的打扰，钱蝶她们美美地一觉睡到了天亮。

接下来的几天，每晚临睡前大家都会将艾蒿点燃熏帐篷，之后就再也没有蚊子过来骚扰他们了。在艾蒿的帮助下，众人愉快地度过了五天四夜。

自救小贴士

世界上为什么要有蚊子呢？这是困扰过很多人的一个问题。对于人类而言，蚊子无疑是害虫，对于大自然而言却并非如此。每一种物种的存在都有其合理性，我们不能因为自己的喜好而抹杀其他物种存在的价值。话虽如此，但蚊子在某种程度上的确给我们的生活带来了不便。蚊虫叮咬不仅让人难受，还可能传播疾病。那么，在野外露营或者旅行时，我们应该采取怎样的措施来避免被蚊虫叮咬呢？

1.巧用维生素B1来驱蚊。在出游前，可以取出5～10片维生素B1放入洗澡水中，然后沐浴。这样身体会散发出蚊子讨厌的气味，蚊子自然会躲得远远的。

2.宿营尽量避开水源地。因为这些地方往往会聚集很多蚊子。

3.宿营时，可以在附近点燃艾蒿、野菊花、浮萍草、青柏树皮或者干橘子皮等。这些植物所散发出的气味可以有效驱蚊。

4.在睡觉的地方摆放4～5盒打开的清凉油；或者在睡觉的地方撒少量的风油精，也可以达到驱蚊的效果。

5.用凤仙花的汁液擦身体也可以驱蚊，有同样功效的还有薄荷叶和西红柿叶。

见义勇为要机智

　　秦小蝶今年15岁，是一名高一学生。她每天按时上学、放学，空闲的时候看看书，喜欢碎花裙子和精致的甜点，看上去和其他15岁的女生一样，并没有什么特别的。然而就是这样一个乖乖女，却是远近闻名的擒贼小英雄。这是怎样一回事呢？

　　两个月前的一个星期天，秦小蝶一大早就起床了，匆匆吃过早饭后她便去找隔壁的江寒雪玩。两个女孩子年纪差不多，从小一起长大，一直同校同班，感情特别好。用小蝶爸爸的话来说，她俩好得跟用502胶粘过一样，拉都拉不开。两人平时梳着一样的发型，穿一样的衣服，吃一样的零食，不熟悉的人见了，还以为她们是双胞胎呢。前两天小蝶和小雪同时相中了一条米黄色碎花裙子，当时她们就进店里问价钱，裙子倒是不贵，可是这种款式的裙子就剩下一条了，老板让她们看看别的。小蝶和小雪对那条裙子"一见钟情"，根本看不上其他款式。老板见她们是真的喜欢，便说星期六进货时再进几件这款裙子，让她们星期天再来。小蝶和小雪特别高兴，星期六一鼓作气将作业全部写完，就等着星期天去买裙子。

小雪见小蝶已经准备好了，忙进屋梳洗吃饭，然后背着小包和小蝶一起出了门。

两人边走边聊，小雪对小蝶说："小蝶，你知道吗，放假前隔壁班好像被小偷光顾了，不少人的手机都被偷了呢。"

小蝶睁大眼，问道："真的吗？什么时候的事啊？我都没听说。"

小雪说："好像是中午大家去食堂吃饭那会儿。你也知道咱们学校学生吃饭时跟恶狼似的，一下课就往外飞奔，手机就那么随便往抽屉里一塞，小偷随便一顺就顺走了。"

小蝶点点头，说道："也是，所以说，贵重财物要随身携带，估计查下监控就可以找出小偷了。这小偷真是太可恨了，我表姐上星期刚买的手机就被偷了，不仅如此，她刚取的钱也全被偷走了，现在的小偷真是越来越讨厌了。"

小雪点头表示赞同："可不是嘛。对了，你表姐的手机是怎么被偷的啊？"

小蝶说："她用手机听歌，把手机放在兜里，边走边听。忽然音乐声断了，她一摸，兜里的手机已经不见了。"

小雪咋舌："这也可以，光天化日小偷胆子也太大了。"

小蝶摇摇头说道："不是小偷胆子大，而是现在人的胆子都变小了。我表姐说那条路上来来往往的人不少，肯定有不少人看了全过程，可是没有一个人提醒她。真是气人！要是我在，我一定会提醒的。明明是小偷在做坏事，凭什么我们要怕他！"

小雪苦笑了一下，说道："现在的小偷都是团伙作案，大家都怕报复，觉得多一事不如少一事，反正没偷到自己头上。"

小蝶气得腮帮子直鼓，说："所以我最讨厌人类了，自私自利、目光短浅。"

小雪戳了戳小蝶的腮帮子，哈哈大笑。

两人正笑作一团，远远地就见要坐的公交车正往这边驶，小雪忙提醒小蝶："把包包拿到前面来，上车的时候人挤人，大家注意力都集中在前面，小偷很可能挤在身后偷东西。"小蝶忙把背包取下换用双手抱着。

这时公交车也到了，小雪和小蝶上了车，找了空位坐下来。现在还早，车上的空位比较多，上车的人都能找到座位，小雪和小蝶边拽好自己的包包边聊天。又过一站，上来不少买菜和晨练归来的老爷爷、老奶奶，小雪和小蝶忙起身给爷爷奶奶让座，后面的不少年轻人也跟着起身给老人们让座。

小雪和小蝶个子都不高，抓公交车上的吊环有些吃力，便扶着椅背稳住身子。这时又上来一个二十来岁的小伙子，车厢这时已经有点挤了，小伙子还一味地往车厢里面走。奇怪的是他明明可以从旁边走，却偏偏要从小蝶和小雪中间过。小蝶和小雪虽然不解，但还是松开了牵在一起的手。小伙子过去后，小蝶悄悄对小雪说："这人真怪，大热天还带件外套，也不嫌累赘。"小雪一看，可不是么，小伙子的胳膊上搭着一件外套。车上的人都穿着裙子短衫，除了那个小伙子，没有人拿外套。两人都觉得奇怪，不由得多看了几眼。这一看，就发现问题了，车上虽然人很多，但是通行不成问题，可是那小伙子偏偏从人中间过。

这时车到站了，又上来几个小伙子，也是在人流里来回走动，而且眼睛不时往其他乘客的包上瞟。

两人对视一眼，小雪凑到小蝶耳边说："你说那几个人是不是小偷啊？老是盯着别人的包，看着就不对劲。"

小蝶点点头道："我看着也像，怎么办，要不我们喊一声？"

小雪忙拽住她，说道："别，要是别人都不敢管，我们就危险了，还是旁敲侧击的好。"

小蝶疑惑道："怎么旁敲侧击？"

小雪一拍胸脯，"看我的。"

这时就见小雪清了清嗓子，大声对小蝶说："小蝶，我昨天看个笑话，特别逗。"

小蝶忙配合，问："什么笑话，说给我听听呗。"

小雪说："笑话说，小白去乘公交车，车开到一半的时候，忽然有人喊：'哎呀，我的手机不见了，一定是被小偷偷了。'车上的乘客闻声看去，就见一个中年男人正在翻口袋，似乎是在找手机。大家见了便纷纷给他出主意，司机也停下车来帮忙抓小偷。一个大爷说：'你别急，给你手机打电话，手机一响就知道谁是小偷了。'大家都觉得有道理。坐在中年男人身边的一个年轻人主动把手机借给中年男人，那个中年男人忙接过手机拨号。不多时，还真有铃声响了，大家一看，是一个坐在窗户旁边的人。众人狐疑地看着他，正要对他盘问，就见他猛地打开车窗，居然从车窗跳了出去。中年男人一见他跑了急得直跳脚，'肯定是他，师傅，快开车门，我下去抓他。'司机听了慌忙把车门打开，中年男人下车去追，两人的身影很快就消失在人们的视线中了。这时就听那个好心的青年惊叫道：'那人还没还我手机呢。'这一下，真的有人丢手机了。所以说现在的小偷真是越来越聪明了，防不胜防啊。"

因为小雪的声音很大，车上不少人都听到了，见小姑娘忽然说这么一个"笑话"，都警觉起来，开始查看自己的随身物品。小蝶则边听边瞥那些小伙子，只见他们还盯着别人的包，似乎打算伺机动手，真是没救了。这时车又到站了，小雪和小蝶得下车了。

两人拿着包包下了车，小雪对小蝶说："看来大家都警觉了不少，那些可恶的小偷应该没办法得手了吧。"

小蝶点点头道："但愿如此。不过，不能抓住这些人我真不甘心。"

小雪笑了，说："那以后咱们去当女警，专门抓小偷好不好？好了，别生气了，我们去买裙子吧。"小蝶一想到花裙子，心情转好，点点头和小雪手拉手往女装店走。两人边走边聊，小蝶忽然一拽小雪："阿雪，你看，前面那个男的像不像刚才车上的那个。"

小雪顺着小蝶的手指看过去，前面有一个小伙子，左手拿着外套，右手拿着一个包。小雪一看那个包，愣了，那不是刚才公交车上坐在她们旁边的老爷爷的包吗。老爷爷上车时，小雪见他提着行李箱还背着包，累得满头大汗就把座位让给他了，当时老爷爷还从包里拿出糖谢她们。小雪记得清清楚楚，那就是老爷爷的包，看来那帮小偷还是得手了，居然偷老人的东西，真是可恶。

性格温和的小雪也有些生气，正准备上去抓那个小偷，却被小蝶一把拉住了，小蝶说道："别急，我们先跟着他。"小雪冷静下来，点点头。两人悄悄跟在那个小伙子后面，就听他在打电话："……嗯，到手了，待会儿见……"两人对视一眼，这人一定是要和同伙汇合了。哈，这次可钓到大鱼了。

这时就见小偷拦了一辆出租车，小雪和小蝶一见急了，可不能让他跑了，小雪也拦了一辆出租车，两人一坐进去就让司机跟着前面的出租车。

出租车师傅看着两个一本正经的小姑娘，有些好笑，说道："前面坐的什么人啊？"

小雪见前面的车已经走远了，忙对师傅说："叔叔，前面的车里坐个小偷，我们看见他偷别人的东西了，你快帮忙追啊。"

师傅一听是小偷，也严肃起来，启动车子追前面的车子。司机边追边说："小妹妹还挺热心的，要不我和我同事说一声，让他直接开到派出所得了。"

小蝶忙摆手，说道："不行，这样我们就不能一网打尽了。再说那小偷一定对这儿很熟，司机叔叔走的路不对他一定会发现，到时候前面车子的叔叔说不定就有危险了。"

司机师傅一想也对，他掏出手机递给坐在旁边的小雪，说道："要不小姑娘你帮忙报下警。"

小雪拿过手机，问："那我让警察去哪儿抓这些人？"

司机师傅想了想，用车载电台和前面那辆车的师傅联系上了，他假装问路况，问出了那个小偷的目的地是一个公园。小雪忙打电话通知警察。

这样小雪她们一路追着，前面的出租车终于在公园前停了下来。小蝶正想下车，司机师傅阻止了她，说道："别忙，我们就在车里等。"说着将车子开到了一个便于观察的地方。

只见那个小伙子下了车，东张西望一番，又打了半天电话，不一会儿就见陆陆续续来了好几个人。小蝶一看，正是那几个在公交车里走来走去的人！他们手上也拿着东西，其中一个女式包包看着格外显眼，小雪歪着头想了一会儿，一拍脑袋，说道："哎呀，这不是那个大学生姐姐的包吗？"小蝶一看，可不是嘛，她记得那个姐姐长得很好看，坐在车上听歌，包就放在一旁，看来也被这些小偷给顺走了。

那些小偷聚在一起说了些什么，然后一起朝公交车站的站台走去。小雪和小蝶急了，警察怎么还不来，他们都要跑了。顾不上许多，小雪和小蝶推开车门朝小偷们离去的那个方向追去，出租车师傅不放心，忙启动车子跟上。眼见那些人上了一辆公交车要走，小蝶急得脸都红了。怎么办，怎么办？这时小蝶和小雪忽然看到前面有一个正在值勤的交警，两人眼睛一亮，忙朝那交警跑去。交警听说有小偷在公交车上，忙拦住了公交车。这时，警笛声也越来越近……

最后，这个盗窃团伙被一网打尽。据说他们都是惯犯，长期在公交车上作案，没想到这次栽在两个小姑娘手上。等待他们的，将是法律的制裁。

自救小贴士

俗话说得好，老鼠过街，人人喊打。小偷就是社会上的大老鼠，遇到小偷，人们应当挺身而出，将他们扭送公安局。但是现在小偷大多是团伙作案，而且可能随身携带凶器，青少年们在为事主出头时很可能会被小偷报复，那么该如何在保障我们自身安全的前提下惩治这些坏人呢？文中的小蝶和小雪为我们做了很好的示范。

1.发现小偷时，不要惊慌，保持冷静，注意观察四周，看是否有同伙。

2.用一些巧妙的方法来提醒事主，引起事主的注意，让他提高警惕。

3.如果事主没有发现，可以假装路过撞一下准备作案的小偷，这样可以起到震慑小偷的作用。

4.发现小偷在作案后可以向周围的人寻求帮助。

5.及时报警。

被绑架后如何自保

"哇，真酷啊。"焦文看着电视上正在播的《宝贝计划》再一次发出感叹。虽然已经看了很多次，焦文却总是看不够，电影中的武打场面又帅又有趣。"如果劫匪是成龙和古天乐，我愿意被劫啊。"焦文握着拳头自言自语道。没想到，他的这句戏言居然在不久后应验了。劫匪当然不会是成龙和古天乐，而是一群凶神恶煞的壮汉。焦文平安脱险后回想到那场面还是觉得很可怕。

那天是返校日，一大早焦文就背着书包出发了。因为学校离家有些远，学生大都是骑单车去上学。焦文不会骑自行车，所以每次上学都蹭好朋友郑伟的车，这天也不例外。他坐在郑伟的车后座上，和同行的同学一起说说笑笑。

正说笑间，忽然从一旁的岔路上开出来一辆白色面包车，直直朝他们冲了过来，郑伟见了慌忙躲让。面包车经过他们身边时忽然来个急刹车，稍稍停顿一下后便又开走了。

一个少年见了，不满地说："怎么开车的！也不怕撞到人。"大家脸上也流露出愤怒之色。

这时他们突然听到郑伟大喊道："焦文呢？焦文怎么不见了？"

众人循声望去，郑伟的车后座上空空如也，焦文凭空消失了。

一个同伴说："是不是刚才躲车子的时候将他摔出去了？"

郑伟着急道："那也不可能一声不吭啊。"

另一个少年想了想，吃惊地说："会不会是被刚才那辆车上的人给抓走了，我刚才看车在你们旁边停一下。"少年们听了，面面相觑，越想越觉得刚才那辆车子很可疑。

焦文被绑架了！所有人脑中都闪出这个念头。怎么办，大家一下慌了神。最后郑伟叫大家先冷静下来，兵分两路，一部分人往回骑，去通知焦文的父母，另一部分人去学校找老师。少年们一到焦文家，就七嘴八舌地将消息告诉了焦文的爸妈，焦文的妈妈一听儿子居然被绑架了，差点没晕过去。而另一边，老师知道焦文被绑架的消息后当机立断报了警，警察在少年们的带领下来到了事发地点。

而忽然失踪的焦文情况又怎样呢？

焦文被拽到车子里的时候整个人有些蒙，看着眼前陌生的人，他根本没反应过来发生什么事。眼前是三个人高马大的男人，用丝袜蒙着头，看着很恐怖。他们见焦文睁大着眼打量他们，没好气地推他一把，吼道："看什么看，再看小心老子把你眼睛挖出来。"边吼边拿了一块黑布将焦文的眼睛给蒙上了，又用绳子捆住他的双手，还用胶布封住他的嘴。

焦文有些害怕，自己无疑是被绑架了，不知道对方是什么人。焦文努力让自己镇定下来，仔细听周围的动静。车子似乎不是在公路上行驶，有些颠簸。除了车子的轰鸣声和劫匪的骂声，他似乎还听到了鸟叫声，他们到底要去哪里？焦文试图辨别出方位，可是他被蒙住了眼，什么都看不到，根本毫无头绪，这让他有些沮丧。

自己会不会被杀掉？这么一想，焦文愈发难过，不知不觉就哭了。歹徒见了没好气地踹他两脚，焦文顿时觉得胳膊上传来一阵剧痛，下意识地往后缩，再也不敢哭了。就在他又惊又怕时，开了近一个小时的车子终于停下来。焦文听见车门被拉开，然后他被劫匪推出去，焦文看不见路，一个趔趄摔到地上。其中一个人不耐烦地将他拉起来，推着他往前走。焦文一脚深一脚浅地走了一会儿，就似乎来到一间屋子里。

劫匪一把撕掉他嘴上的胶布，粗声粗气地对他说："说，你爸的号码是多少，你给我识相点。"焦文一听这话就知道他们是为了谋财，焦文的爸爸是个小包工头，家里条件还可以。可是自己平时并不张扬啊，怎么会被人盯上呢？焦文还在疑惑，劫匪已经不耐烦了，他扇了焦文一巴掌，骂道："快说，不然老子要了你的小命。"焦文原本想胡乱报个号码，但是又怕被劫匪发现后又被打，就老老实实地将爸爸的号码说出来。劫匪边打电话确认，边将焦文扔到了墙边。

　　焦文左思右想觉得这样下去不是办法，便故意大声哀号，说自己又饿又渴快死了，眼睛也疼得厉害，这样下去一定会瞎掉。劫匪被他吵烦了，气冲冲地走过来一把拉下蒙在他眼睛上的布条，又给他端来一碗水，边给他喂水边威胁道："小子，你给我老实点，不然我现在就送你去见阎王。"焦文趁机快速地瞥了一眼周围，发现他们在一个简陋的屋子里，绑匪一共四人，一个男人站在门口，两个坐在桌子边，给他喂水的男人长着满脸的络腮胡子。

　　焦文正想看看其他人的长相，那个给他喂水的男人将碗一甩，给他一耳光，骂道："小王八蛋你看什么看，再看就把你眼睛挖出来。"说完又用布将焦文的眼睛蒙上，还用胶布把他的嘴重新封上。过了一会儿焦文就听到那几个人在商量着什么，然后他们将焦文塞进一个麻袋里，抬到什么地方，将他吊起来。

　　焦文听到那些坏人的脚步声渐渐消失了，就试着挣扎，结果他一挣扎袋子就晃动。焦文有点着急，不知是心理作用还是怎么的，他觉得有些呼吸困难了。怎么办呢？焦文努力让自己镇定下来，然后仔细回想在书上看过的自救措施。对了，他忽然想到之前看到过的一个方法，开始拼命吐口水，口水很快将胶布打湿，不像之前那么黏。焦文又努力地蹭了蹭，终于，封住嘴的胶布被蹭掉了，焦文畅快地深呼吸了一口气。

　　调整了一下姿势，焦文用力将手伸到嘴边，用牙齿咬绳子，可是牙齿都快崩掉了，也没见绳子有松动。正着急呢，焦文觉得裤子兜里有什么东西硬邦邦得抵着他的腿，费劲地将手伸进裤兜一摸，居然摸到一把小美工刀。对了，昨天他在家做小手工的时候用过，可能随手就放兜里了，没想到现在正好能派上用场。焦文忙用小美工刀将手上和脚上的绳子割开。手脚都自由了，就要想办法出去。

焦文用小刀割装自己的麻袋，他怕袋子一下子破掉整个人会摔下去，就只割个刚好能探出头的小口子。焦文小心翼翼地探出了头，发现四周一片黑暗，也不知道自己被吊在哪儿了。他又将口子割大些，伸出手往外摸了摸，只觉得似乎摸到了什么滑滑的东西，还有点湿润。这时原本绑他手的粗绳掉了下去，只听下面扑通一声，是水声，原来下面有水。焦文又往旁边摸了摸，还是湿淋淋的，他断定自己被吊在一口水井里了。

想到这，焦文动作更加小心，因为不知道下面的水有多深，掉下去了可不得了。他将手用力往前伸，摸了半天，摸到一些突出的石块，他先用手攀住石块，整个人往井壁那边倾斜，然后一只手抓着石块，另一只手拽住吊着他的绳子，将脚也从袋中伸出来了。他用一只脚在井壁上到处试探，还真让他找到两个相差不远的落脚点了。他两只手攀着突出的石块，先伸出一只脚踩在刚才找的落脚点上，稳住身体后又伸出另一只脚。最后，他终于整个人都攀在井壁上了。

焦文歇一会儿后开始往上攀爬，因为四周一片黑暗，焦文每爬一下都格外小心。他不知道这井有多深，还有多久才能爬到井口，也不知道时间过了多久，爸爸妈妈是不是已经在到处筹钱了。体力大量流失，手脚开始发软，这一切都让焦文有些绝望，自己会不会就这样死在这里？焦文一边用力往上爬，一边小声啜泣：不行，我不能死，我一定要活着出去。他摆摆头拼命让自己冷静，继续努力往上爬。这时，他忽然感到有一丝冷风吹到脸上，前面有微弱的光。到井口了！焦文精神一振，顾不上手正在流血，用尽全力往上爬去。风越来越大，终于爬到井口了。可是，井口被一块井盖盖着。

他稳住身子，试着用手去推井盖，没想到居然推动了，看来劫匪没想到他能爬上来，所以只是用井盖盖了一下，并没有在上面放什么重物。焦文大喜，小心翼翼地将井盖一点点推开，顿时，湛蓝的天空出现在眼前，重见天日的感觉实在是太棒了。当然，现在可不是高兴的时候，焦文趴在井口歇了一口气，顺便打量一下四周。这是一个农家小院，院子里空无一人，四周也静悄悄的，劫匪们好像已经走了。焦文放下心来，用力爬出了水井，撞撞跌跌地往外跑去。因为担心劫匪们发现后追过来，他就往庄稼地里跑。这么一路拼死拼活地逃亡，最后，焦文终于因为体力不支晕倒在田埂上。

焦文醒来的时候发现自己躺在医院的病床上，身上的伤都已经处理过了，爸爸妈妈和老师同学都围在病床前，一旁还站着两个警察。原来他晕倒后不久就有人经过那里，见他浑身是伤就将他送到医院，还报了警。警察一眼就认出他是那个被绑架的少年，忙通知家长和学校。醒来后，焦文向警察详细描述了犯罪嫌疑人的特征，警察根据他的描述开展了调查，没过多久就将四个劫匪抓捕归案了。

焦文的自救故事在当地引起了很大的轰动，不少学校都开展了安全自救课程，培养学生遇险自救的能力。

自救小贴士

我们不能预测出人生路上有何种危险在等待着我们，被绑架后为了自保，我们能做的，就是努力学习更多的自救手段，以熟练的求生技巧来应对未知的危险。如下方法可以帮我们脱离险境。

1.保持冷静，仔细观察周围环境，看自己是否有逃脱的可能。

2.保存体力，如果没有脱险的把握，千万不要激怒歹徒，以免发生不测。面对歹徒，要采取低姿态，尽量降低歹徒的戒心。

3.小心检查自己的随身物品，利用一切可以利用的物品逃生。

4.如果周围有人，可以伺机呼救，当然，前提是保障自己的安全，以免弄巧成拙。

5.可以趁歹徒不留意的时候留下求救信号。

6.熟记歹徒的面貌特征、口音以及周围的环境情况，记住一些特别的细节，这样有助于警方破案。

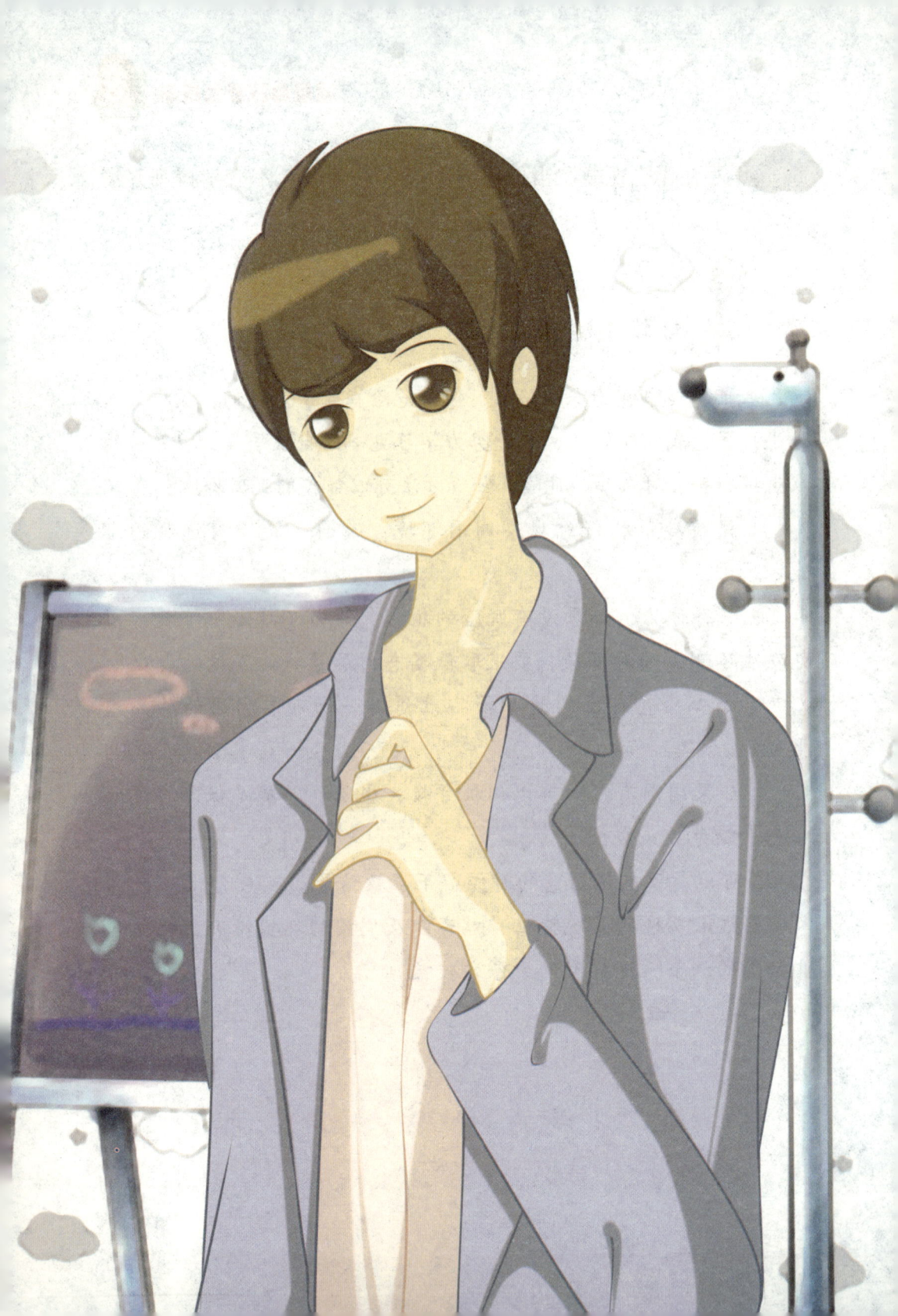

谨慎上网，严防诈骗

　　小天今年15岁，是个乐观开朗的少年，他天生一副热心肠，好助人为乐，因而人缘很好，有不少知心好友。他喜欢向他人学习，以他人之长补己之短，在他的那些好朋友身上，他学到很多，因此他一直很珍惜朋友间的友谊。然而，他想不到的是，自己真心结交的朋友不仅欺骗了他，甚至还想利用他来实施诈骗，这让他很难过。难道真诚待人是错误的吗？

　　几个月前小天看了一本旅游杂志，杂志中的美丽风景和有趣的故事深深地吸引了他。他也希望自己能像书中的那些人一样，背着简单的行囊去寻访自己心中的圣地。恰好这天表哥来他家玩，小天就缠着表哥问个不停。在他看来，已经是大学生的表哥一定去过不少好玩的地方。可表哥是个标准的"宅男"，平时大门不出二门不迈，只宅在寝室玩游戏，连自己学校周围有什么景点都不知道。这让小天很失望。

表哥见他一脸失望的样子，摸着下巴说："我虽然没去过什么地方，但是我知道怎么找到资深'驴友'。"小天将信将疑，表哥见他不信，忙掏出手机，摆弄了几下问他："你有QQ号吗？"小天摇摇头，他都不怎么上网，哪来QQ号啊。表哥看了他一眼，摇摇头，说："你混得也太差了，现在连小学生都有QQ号。算了，我给你申请一个，你可以在网上找一个旅行的群，里面的驴友多了去了。"说着就帮小天申请一个QQ号，还给他找个驴友群。自此小天又多了一群朋友——一群靠网络联系的朋友。

因为去的地方很少，小天在QQ群里并不活跃，只是默默地看别人说天谈地。看着他们上传的一张张风景照，小天愈发羡慕。渐渐的，他发现这个群里有一个叫"陌上花开"的网友特别厉害，无所不知，好像什么都难不倒他。据说他高中一毕业就开始自费旅行了，早已走遍大江南北，甚至还到国外做过义工。这样丰富的人生经历让小天羡慕不已，"陌上花开"很快就成了他的偶像。

这天小天又登上QQ，忽然发现有新的QQ消息，小天点开一看，居然是"陌上花开"发过来的，对方想加他好友。小天点开消息，就见陌上花开说："没见你说过什么话，是很容易害羞的人吗？"小天的确不怎么发言，没想到对方居然会留意到，的确是个细心的人。"真不愧是我的偶像！"小天一边感叹一边同意了对方的请求。很快，"陌上花开"又发来消息，问他吃饭没，现在是在旅途中还是在做别的。小天马上回消息，因为小天用的是手机QQ，打字很慢，常常对方的消息发过来好几条了自己才回一条，这让他觉得特别不好意思。

他有些愧疚地对"陌上花开"说抱歉，对方反而安慰他，说自己像他这么大的时候连手机都不会用，就算现在用起电脑来还是不习惯。小天见他这么说，愈发觉得他平易近人，像个亲切的大哥哥，因而对他又添了几分好感。那个下午，小天和"陌上花开"聊了很多，虽然都是学校里的一些寻常事，但"陌上花开"说很有趣，还让他好好珍惜现在的好时光。要不是因为手机电力不足，小天大概会和"陌上花开"一直聊下去。虽然两人是第一次聊天，小天却觉得他们就像认识多年的好朋友。

在接下来的日子里，小天经常在QQ上和"陌上花开"聊天，"陌上花开"给小天讲了很多旅途中的奇闻趣事，还有遇到各种紧急情况时应采取的自救措施。小天则给"陌上花开"讲自己的家人，讲做医生的爸爸和做老师的妈妈，还有乡下的爷爷奶奶以及一些童年趣事。两人越聊越投机，不过才交流两个月，小天觉得"陌上花开"已经是自己一生的知己了。那段时光，小天每天都很开心，如果没有后来发生的那件事，这将是他生命中一段非常美好的时光。

曾有人说："这个世上本无完人，如果有天你遇到一个完美无缺的人，他要么举世无双、独一无二，要么就是太会隐藏。"小天一直以为自己遇到的是举世无双、独一无二的那一个，可事实上，他遇到的不过是一个有点小聪明的骗子而已。

　　那是三月的一天，才晚上8点小天便同"陌上花开"告别，"陌上花开"好奇地问："今天怎么睡这么早啊？"小天说班上组织大家第二天去赏樱，他要整理东西，所以要早点下线；又说难得乡下的爷爷明天会来，可是爸爸妈妈明天要出差，自己又有班级活动，家里没人陪爷爷。虽然爸爸每年都给爷爷不少钱，但他觉得爷爷需要的是家人的陪伴。"陌上花开"听了安慰了他几句便和他道晚安了。

　　第二天，他一大早吃过早饭就出发了，爸爸妈妈则是等爷爷来了之后才出发。老人将儿子、儿媳送出门后，给自己泡了一杯茶，边喝边看电视。不知不觉老人觉得有些困了，歪在沙发上打瞌睡。就在这时客厅的电话响了，老人一下被惊醒了，他接起电话，电话那头是个年轻人的声音，气喘吁吁地好像很着急："喂，是陈天的家人吗？"

　　爷爷说："啊，对啊，你是谁？有什么事吗？"

　　就听那边说："我是陈天的班主任王老师，我们今天全班去踏青，但是路上遇上交通事故，陈天被甩出了车，伤得很重。我们把他送到医院抢救，现在医院让交住院治疗费，我身上钱不够，所以打电话过来。您现在可以到市第一人民医院吗？我就在6号病房那里等您，您快点过来啊。"

　　老人一听孙子出了车祸，差点没晕过去，可是他年纪大了，腿脚又不怎么方便，就是坐出租车去医院也要一些时间。电话那边又在催："您带着钱快点过来吧，医院说不交钱就不给做手术，现在的医院真是没良心。我们这边老师把口袋掏空了也就

4000元，还差16000元呢，这真是……"

老人一听不交钱就不给治，愈发心急，这时他忽然想到小天家附近有个银行，对了，可以先给老师把钱打过去，让他把钱交了，然后自己再过去。这么一想他就对那边说："老师，我腿脚不好，现在也不能马上赶过去，要不我先把钱打给你，你快点去付住院费，我马上搭车过去。"那边沉默一下，说："那也行吧，现在也只能这样了。我身上刚好带着银行卡，我马上把卡号给您。"爷爷怕弄错，特意将自己的手机号码给"王老师"，让他将卡号发过来。不一会儿老人就收到了一条短信，上面写着卡号，老人忙揣着银行卡出门了。

他才走出小区，就有一个少年跟他打招呼："陈爷爷，您又来看陈天啦。"老人一看，是孙子的好朋友吴明，看着健健康康的小明，想到医院里生死不明的孙子，老人不禁悲从中来，他哽咽着说："嗯，是啊。"

吴明见老人都要哭了，吓了一跳，他忙上前扶着老人问道："陈爷爷，怎么了，发生了什么事？"

老人哭着说："小天出车祸了，伤得很重，我现在就是要去医院看他呢。"

吴明一听这话，脸色都变了，怎么会呢，早上小天还和他打招呼来着。因为有花粉症，小明不能去赏花，小天还说会给他带明信片，怎么会出车祸？他眼泪也快落下来了，带着哭腔问道："爷爷，您听谁说的啊，怎么可能，他早上还好好的啊。"

老人掏出手机，递给小明看，说："是你们王老师说的，他把卡号发给我，我正要去打钱呢。"

小明接过爷爷的手机一看，果然有一个卡号，他再一看发信人的号码，愣了一下，一把拉住就要走的老人，说道："爷爷，这不是我们王老师的号码啊。"

老人也愣了，他看着吴明，吃惊地问："不是？可那人说是你们老师啊。"

吴明又看了看号码，十分肯定地说："这绝对不是我们王老师的号码，他的电话号码我记得可清楚了。爷爷您先别忙着汇钱，别叫人骗了。"

老人这时也冷静下来，可万一是真的，再耽误下去小天岂不是有危险。

这时吴明说："爷爷您把电话给我一下，我打电话问问我们老师。"

老人暗骂自己糊涂，是不是真的问问老师不就成了？他忙将电话递给小明，吴明接过电话按了几下那边就通了，一个好听的男声传出来："喂，哪位？"

吴明忙说："王老师，是我，吴明。"

王老师在那边笑道："哦，吴明啊，有什么事吗？"

吴明问："老师，陈天现在在做什么？他和你们在一起吗？"

王老师说："在啊，他正和一群女生挤在小摊前面挑明信片呢。你找他有事啊？我叫他过来。"

吴明忙说："没事，不用了，老师，你们继续玩吧。老师再见。"说完挂掉电话。

老人和吴明面面相觑，看来真是遇上骗子了。那边王老师纳闷地看着手机，吴明打电话到底是为什么事啊？

听说小天好好的，吴明和爷爷都放下心来。这时电话又响了，老人一看，居然是那个骗子打来的，老人气冲冲地就要骂他，吴明忙凑到老人耳边小声说："将计就计。"老人马上会意，点点头，接了电话。就听那边传来一个焦急的声音："爷爷，您到银行了吗？医院这边又在催了。"

老人故意用虚弱的声音说道："我就快到了，老师啊，你再给医生说说好话，我马上就打钱过去，让他们先给我家天天做手术啊。钱一定不会少的。"那边见有戏，又催促了几句便挂电话了，吴明和爷爷则到派出所报了案。

很快，警察根据骗子提供的银行卡号和电话号码找到了骗子的行踪。那是一个中年男人，专门进行网络诈骗，已经骗了不少人。小天的爷爷要不是半路上遇到吴明，只怕已经将钱打过去了。小天回到家后，听爷爷说了发生的事很吃惊，为什么骗子会知道自己家的情况呢？幸好有好朋友在，爷爷才没有上当。当晚小天又拿出手机想把这件事告诉"陌上花开"，却怎么都联系不上他。这时QQ群里弹出一条消息，说本群里的"陌上花开"是骗子，已经骗了不少网友的钱，现在他已经被警方逮捕，有被骗的网友立即和警方联系。

小天惊呆了，原来，欺骗爷爷的就是他最钦佩的"陌上花开"，他一定是听说家里只有老人，才打定主意下手的。小天很伤心，都怪自己识人不清，把家里的信息全部泄露了。这次只是诈骗，要是"陌上花开"直接绑架，自己连哭的地方都没有。

这之后，小天删掉了"陌上花开"的QQ号，退出了QQ群。相较于网络上的朋友，他觉得还是现实生活中的朋友更让他安心。

自救小贴士

互联网便利了我们的生活，拉近了人们之间的距离，却也带来信息泄露隐患。很多青少年在上网时没有防备，一旦遇到喜欢刨根问底的网友，很容易将自己的信息透露给对方，给犯罪分子可乘之机。为了保障自身人身财产的安全，青少年在上网时应注意如下几点：

1.在聊天时不要将自己的个人信息泄露给陌生人，不要用真实姓名上网。

2.提防喜欢刨根问底的网友，不要将自己的照片给陌生人看。

3.千万不要参加网友聚会，不要独自和陌生网友见面。

4.在网吧上网时，尽量不要输入自己的个人信息，下机时一定要清空浏览痕迹。

5.遇到陌生号码要求打钱，即使对方给出了相对可信的证据，也不要理会。如果发现被骗，一定要及时报警。

火海逃生

自普罗米修斯为人类盗取了火种，人类就彻底告别了茹毛饮血的时代。火帮助人类吃上熟食，还帮助人类烧制陶器，冶炼铁器，极大地推动了人类文明的进步。人类的日常生活离不开火。然而，火在为人类带来种种便利的同时，也有着毁灭一切的恐怖力量。火，既是人类的希望之光，也是人类的灾难之源。

新闻媒体曾经用极大的版面悼念因救火牺牲的两位消防战士，为了保护人民生命和财产安全，他们献出自己年轻的生命。每一年，每个月，都会有人因为火灾而受伤甚至死亡。引发火灾的因素有很多，比如一个烟头，一串鞭炮，都有可能引起熊熊大火。发生火灾，不要慌乱，保持冷静，就能想到自救的办法。比如下面这位同学，就是因为掌握了一定的自救技巧，才在火场中保住了自己的性命。

安安今年15岁，是一名初中三年级的学生。一天晚上，爸爸妈妈上夜班，安安一个人在家。吃完晚饭，爸爸妈妈将门反锁后就走了。安安写完作业，洗完澡后便上床睡觉了。半夜的时候，睡得正香的安安忽然被一阵噼里啪啦的声音吵醒了，他以为家里来了小偷，马上起来。安安悄悄打开房门一看，顿时惊呆了，原来屋子起火了！火势很大，已经从厨房蔓延到客厅，大门口周围也都是火。他忙跑回房间拿起妈妈留给他的手机冲进浴室，然后将浴室的门紧紧关上了。安安用拖把牢牢顶住门，打开浴室的窗户，然后给爸爸打电话，告诉他屋子着火了，紧接着又给119打电话，讲明着火的地方。

不一会儿，一些烟从门缝飘进浴室。安安见状，赶忙拽了几条毛巾，用水浸湿后将门缝塞得严严实实的。接着，他又将一条毛巾沾湿，并捂住鼻子。最后，安安拿着洗马桶的刷子边用力敲水管边冲窗外大声喊"救命"。当时正是深夜，安安的呼救声很快就被邻居听见了，他们都跑过来帮忙救火。

这时，接到爸爸电话的房东赶了过来，他用铁棍将大门撬开，邻居们端着水往屋里泼，火势减弱了一些。不一会儿，爸爸妈妈和消防员一起赶到了。消防员将安安从浴室里救出来，因为自救措施得当，安安虽然被熏成了小花猫，但是并没有受伤。

事后，爸爸妈妈好奇地问道："安安，是谁告诉你要躲进浴室的？"

安安答道："前不久老师在给我们上安全课时嘱咐我们，遇到火灾时不要慌，要用湿毛巾捂住鼻子和嘴，躲在有水的房间里，有电话就赶快打119。"

从这件事可以看出，安全教育十分重要。孩子们只有掌握了正确有效的自救方法，在遭遇灾难时才能求得一线生机。

自救小贴士

在遇到火灾时，各位青少年朋友们，请记住以下几点：

1.发现火灾时，要迅速逃离火灾现场，保障自身安全，并迅速拨打119或110，通知消防员叔叔来救火，但是不要参与具体的救火活动。

2.如果被困在火场出不去，要用湿毛巾捂住自己的口鼻，用湿衣服裹住全身以免被烧伤。需要注意的是，湿毛巾不能太湿，毛巾的含水量控制在毛巾本身重量的1.5倍以下较为适宜，不然会妨碍呼吸。如果没有湿毛巾，也可以用干毛巾，干毛巾要折叠为8层，这样才能有效阻挡毒烟。

3.如果火场烟雾不浓，要先将全身上下用湿床单裹好，用湿衣服包住头然后往外跑。如果火场已充斥着浓烟，切不要直立逃跑，而应该趴在地上匍匐前行，这样可以避免吸入浓烟。研究发现在燃烧时地板的温度是天花板温度的四分之一，因此，趴在地上前行也可以避免被高温灼伤。

4.在确定逃生路线时先摸摸门窗，如果门很烫，表明火势已经蔓延到了门口，这时就应逃到有水的房间去，比如浴室或者厨房。然后用湿毛巾将所有门洞的缝隙堵住，延缓毒烟进入房间的时间。接着，将靠近火源一侧的门窗全部顶死，之后将水倒在所处空间中所有可燃物上，这样可以在一定程度上遏制火势的蔓延。或者逃到背烟火的门窗处呼救。为了保存体力，可以用自己拿着顺手的东西敲击钢管窗户来呼救。

如果触摸门窗时发现并不烫手，就可以从门口逃生，但要注意不要猛然开门，要先开一道小缝确定门外没有火再走，在走前关好门窗以免大火蔓延到其他屋子中。

5.如果手头有电话，要迅速报警，向警察说明发生火灾的地方，自己所处的位置还有自己的名字，方便消防员叔叔在第一时间找到你。

6.如果身上起火了，一定不要慌乱。如果周围有水，用水扑灭身上的火；如果周围没水，就在地上滚滚，这样也能将火扑灭。

7.如果所处的楼层在二楼以上，要耐心等待在安全的地方等待救援，不要跳楼，那样更危险。如果是在二楼，大火已经将你围住而你也没有别的办法时，可以冒险跳楼，但是在跳下前要做准备。你可以将床垫先扔下去再跳，如果没有垫子则可以丢棉被，如果这些都没有则可以将床单衣服结成绳子慢慢滑下去，要注意的是，在结绳时一定打成死结使绳子牢固。

8.如果你已经跑出着火的屋子，千万不要再回去，切记生命第一，其他一切都是浮云，活着才是真正的财富。

9.逃生时不要乘电梯，要走楼梯下去。注意要有秩序地下楼，以免发生踩踏事件。如果楼梯塌陷，不要惊慌，另寻楼道出去，或者从建筑内的消防梯出去。

10.如果到达安全地点后发现自己被烫伤了，小面积轻微烫伤可以自己处理，用自来水或盐水冲刷烫伤的地方降温，之后抹上食用油保护伤口，避免感染；如果是严重烫伤，先冲洗然后用干净毛巾包扎，之后迅速前往医院治疗。注意，严重烫伤时不要往伤口涂任何东西，要用担架抬着患者送往医院以免感染。

此外，平时要多多留心周边环境，准确掌握所处环境的逃生通道位置和楼梯位置，以便在遇到火灾时可以迅速逃离事故现场。

溺水自救

　　浮云游弋，是它在闲庭漫步；江河奔流，是它在翩然起舞。隆冬腊月，它是红梅花蕊上的一抹冷香；夏日午后，它是青青碧荷上的晶莹琥珀。它既有白云之飘逸，又有雪峰之巍峨。它扎根于你看不见的地心深处，却又时刻在你体内奔流不息，它就是水。

　　水是世间至柔，用一味甘甜喂养着生命，但在它柔弱无害的清澈笑纹中，却潜藏着杀机。水既是孕育生命的摇篮，也是溺毙生命的凶器。人不能没有水，如果72小时接触不到水，人就会脱水而死，但没有节制大量饮水也会让我们水中毒，正确地摄取水分才能保障我们的健康。除此之外，每年都有很多人在大河小溪里溺亡，他们中的大部分都是青少年。

　　可见掌握一定的溺水自救方法，对于青少年来说是十分必要的。那么在溺水时，究竟该如何自救或者对溺水之人施救呢？下面这位少年的做法或许会给我们一些启示。

朱晨是B市的一名中学生，初中刚毕业，好不容易从繁重的学业中暂时解脱出来，却整日待在家不知道干什么好。无所事事地过了三天后，朱晨实在是受不了了，在取得父母的同意后自己搭车去乡下的爷爷家。

一到村里，朱晨顿时觉得心旷神怡，乡下空气清新，十分宁静。一到爷爷家，左邻右舍的小孩便都过来找朱晨玩。因为以前寒暑假都会在一起玩，所以彼此之间都很熟悉，朱晨跟他们玩得很开心。

第二天一早，朱晨就迫不及待地和小伙伴一道去村里的小水沟钓龙虾。早上出去的时候气温适宜，凉风习习，吹在身上很舒服。但是，不久，气温就升起来。朱晨他们虽然不断往树荫大的地方挪，仍热得受不了。这时有人提议去村里的小河里泡泡澡解解暑。

朱晨有些担心地说："会不会出事啊？我看还是回去冲凉吧。"

一旁的同伴边笑边摇头道："没事儿，那说是河，其实跟条小溪差不多，我们经常在那游泳，从来没出过事，你放心好了。再说上午钓的虾少，现在就回去肯定会被笑话，我们泡过澡再换个地方去钓，包你满载而归。"朱晨见同行的人打包票，也动了心，便随着大家一道去了。

来到小河旁一看，果然是条小河，水并不深，朱晨便放下心来。他站在岸上做准备活动，这是他在游泳池游泳时养成的习惯，避免下水后因为温度骤变抽筋。但是同行的人已迫不及待地跳到水中，扑通扑通的声音此起彼伏如同饺子下锅。大家从水中冒出头，一抹脸上的水，见朱晨还在岸上怪模怪样地伸胳膊伸腿，都笑他，向他喊道："快下来，我们带你来消暑，又不是叫你来上体育课。"朱晨只是笑，仍然认真地做完准备活动，然后慢慢下了水。

一入水，朱晨顿时觉得周身被一股清凉包围，暑气全消。朱晨畅快地呼了一口气，环顾四周，同伴有的和他一样泡着，有的则开始扑腾着游泳，因为用的是狗刨式，一时间水花飞溅。还有几个似乎觉得光泡着无趣，就开始打起水仗来，顿时整个河面都沸腾了。朱晨一个不防，被人泼一脸水，正要还击就听到有人在喊，嬉闹的少年顿时都安静下来循声望去，就见一个同伴正拉着另一个同伴，两个人都在往下沉。朱晨心里一沉，出事了。

来不及多想，大家就都朝那两个少年游过去。到了跟前朱晨看到正往下沉的是隔壁的东哥，东哥人高马大，扶着他的小萧是个瘦瘦小小的男生，根本拉不住他，被他带着直往水里沉，而此时东哥已经意识模糊。朱晨见游到前面的人想直接从正面去救两人，忙大喊道："后面，从后面扶，不然你们也会被拖下去的。"游在前面的人听了忙绕到东哥和小萧的后面。朱晨环顾四周，发现还有两个同伴正向这边游，那两个少年的身体都很弱，朱晨转身对他们说："你们别过来，快上岸去叫大人。快点！"

两个少年一听立刻向岸边游去，他们早上出来时都骑着自行车，这时正好可以争取时间。朱晨嘱咐后也游到出事的地方，虽然有四个少年分别从背后拽着东哥和小萧，但是意识模糊的两人往下沉的力道更大，拉着后边拽着他们的四人也往下沉。看到几个人僵持在水中，朱晨环顾水面，见前方飘过来一块木板，便对拽着东哥的少年说："扶着他们的头，往后仰，让他们的头露出水面，不然会窒息的。我去捡木板，你们坚持一下。"

这时他身旁的强子也和他一道去河里捞竹竿，一分钟后朱晨和强子带着木板和竹竿回来了。朱晨将木板放在东哥前面，让他稍微前倾趴在木板上；又从旁边拉着小萧的手搭在竹竿上，在后面扶着二人的少年顿时感到轻松不少。朱晨问他们还有没有力气，少年们摇摇头，支撑东哥和小萧他们已经精疲力竭了。朱晨看了看，除了抱着东哥和小萧的四个少年，水里还剩下他、强子和小山，他们现在离岸大约有五米，以他们的体力，根本没有办法将这两人推上岸。朱晨游到东哥的身后替下一个力竭的少年，让他在一旁休息。好在此时水流得不急。几个人只好耐心等大人前来营救。

泡在水里，每一秒都过得格外漫长，朱晨觉得自己的手臂开始酸痛，腿也开始发软。而东哥已经完全昏迷，小萧的脸色也开始发白，朱晨一时间心急如焚，如果大人们不能及时赶到，东哥和小萧说不定就没救了。可是如果贸然带着这两个人往岸边走，可能没上岸大家就全部体力不支，到时候更危险。分析完当时的情况，朱晨按下心里的不安，劝同伴耐心等待。

万幸，他们并没有等多久，得到消息的大人们就赶来了，将他们都拉到岸上。这时东哥已经没呼吸了，东哥的妈妈当即腿一软坐在地上哭起来，少年们惊恐地看着东哥不知如何是好。朱晨扒开人群跑上前拉住东哥的爸爸，说道："叔，你先别急，东哥说不定还有救。"

朱晨顾不得多解释，上前先打开东哥的口腔，将里面的浊物清理出来，让他呼吸顺畅。之后朱晨跪在东哥旁边，用左手提起他的下巴，右手捏住他的鼻子，深吸一口气后对着他的嘴吹入，只见东哥的胸腔微微向上，隔了十几秒又吹第二次，这样连续吹了10次，东哥原本高高鼓起的胸腔开始下落。见此情况，朱晨松了一口气，又向东哥嘴里吹了一口，东哥的呼吸开始逐渐恢复。朱晨一抹额头上的汗，小声对东哥的爸爸说："叔，没事了。"之后便一屁股坐在地上喘气。另一边，小萧边咳嗽边醒了过来。众人见他们都没事了，总算是松了一口气。

后来据东哥说，他在水里游了一会儿脚就开始抽筋，要不是小萧见情况不对上前拉住了他，只怕他当时就沉到水里去了。之后的几天，村里的孩子都跟着朱晨学游泳前的准备活动，不少大人也跟着学。但是，因为东哥的事，大人们都不准孩子们单独去河边，到朱晨离开村子时，东哥他们还被勒令待在家里学自救措施呢。

自救小贴士

肌肉痉挛是在游泳时比较常见的一种突发状况。肌肉痉挛会导致人体四肢僵硬，在水中无法活动，进而溺水。大家在游泳时

159

如果遇到肌肉痉挛的情况，千万不要慌张，保持冷静，及时进行自救。肌肉痉挛分很多种情况，不同部位的痉挛有不同的自救方法，具体来说肌肉痉挛可以分为以下几种情况：

1. 手指肌肉痉挛

手指肌肉出现痉挛时，可以先握拳然后张开，手指伸直，然后再握拳，反复几次后便可缓解。

2. 手掌肌肉痉挛

手掌肌肉发生痉挛时，可以双手合掌左右按压，反复几次后也可以缓解。

3. 前臂及上臂前面肌肉痉挛

前臂和上臂前面的肌肉痉挛时，可以用一只手抓住痉挛的手尽量向手臂背侧做局部伸腕动作，然后放松，反复几次可缓解。

4. 前臂后面肌肉痉挛

前臂后面的肌肉出现痉挛时，可以用一只手拖住患臂的手背，尽量做屈腕动作然后放松，反复做几次可缓解。

5. 上臂后面的肌肉痉挛

上臂后面的肌肉出现痉挛时，可先将痉挛的手臂屈肘向后，用另外一只手托住其肘部弯向后，这样即可对抗后面的肌肉痉挛。

6. 大腿前面肌肉痉挛

大腿前面肌肉出现痉挛时，可用同一侧手抓住痉挛腿的脚，尽量使其向后伸直反复几次可缓解。

7. 大腿后面肌肉痉挛

大腿后面的肌肉出现痉挛时，可用同一侧手按住膝盖，然后另一只手抓住脚趾，尽量往上抬起或双手抱住大腿，使髋关节做局部的屈曲动作。

8.小腿前面肌肉痉挛

小腿前面肌肉痉挛时，可先用一只手抓住脚趾尽量往下压，借以对抗小腿前面肌肉的强直收缩。

9.小腿后面肌肉痉挛

小腿后面肌肉是痉挛的多发部位，解救方法是先用一手按住膝盖，另一只手抓住脚底或脚趾做勾脚动作，并用力向身体方位拉，反复拉几次即可缓解。

10.腹部肌肉痉挛

如果腹部肌肉痉挛，可在水面先挺住一会儿，然后用双手做顺时针按摩，反复几次可缓解。

总而言之，入水后出现肌肉痉挛情况，请一定要保持冷静，及时自救或呼救。另外，在游泳前做充分的准备活动可以避免肌肉痉挛。

当游泳遇见水草

　　深夜11点，万籁俱静，大多数人都进入了梦乡，只有某初三男生寝室还不断传出窸窸窣窣说话的声音。原来寝室长狄昂从家里带来一个迷你收音机，他们正在听电台播放的"午夜凶宅"系列鬼故事呢。十来个男生缩在被子里，静静地听收音机里那个诡异的男低音缓慢诉说："……老头儿让小苏早点搬出这座宅子，可是小苏贪便宜，觉得老头儿是编故事骗他，怎么都不肯走，结果当天晚上就出事了。当晚，小苏早早洗漱后便睡下了，哪知半夜里忽然听到院子里有动静，似乎有什么人在哭喊哀求。小苏爬起来从窗户里往外一望，只见院子里站满了血肉模糊的人……"正听到关键的地方，门外传来一声吼声："413，还不快睡！"少年们吓了一跳，差点没叫起来，这时又听门外那人说："赶紧睡啊。"原来是来查寝的教导主任，大家松了口气，狄昂关掉收音机，说："吓死了，算了算了，都睡吧。"

大家虽然还想听，但又担心教导主任杀回马枪，便都睡了。第二天，狄昂眉飞色舞地跟同桌李明说昨晚听的鬼故事，李明听了撇撇嘴："说得再厉害又怎么样，这都是别人编的，要说吓人，还是水鬼潭里的水鬼最吓人了。"

狄昂没好气地说："你知道什么，说得好像你见过里面的水鬼一样。"

李明说："我是没见过，但是我知道，下了水鬼潭，没人能活着出来。"这话一出，立即引得众人嘘声一片。

狄昂大笑着说："这种以讹传讹的话你也相信啊！小明明你真是太可爱了。"

李明气得满脸通红，吼道："那你敢不敢跟我打赌啊？"

狄昂点点头，说："赌就赌，谁怕谁。"

当下两人就约定，星期六一起去水鬼潭游泳，看能不能活着回来。打完赌后不久李明就有些后悔了，作为当地人，他深知水鬼潭的凶险，为了争一时之气和狄昂打这样的赌，要是真出什么事可怎么办啊！可是他又拉不下脸来跟狄昂说不赌了。就这样，李明陷入了进退两难的境地。这么纠结来纠结去，很快就到了星期五，放学的时候，狄昂示威一般朝李明挤挤眼，说道："小明明，你不会临阵脱逃吧？"

李明看他得意扬扬的样子，只觉得火气上扬，咬牙切齿地回敬道："我才不会逃呢，倒是你，到时候别被水鬼吓破了胆。"说完便气冲冲地走了。

　　星期六是个晴天，李明一大早就醒了，想到今天的赌约，又开始发愁，可箭在弦上，不能不发了，毕竟他也不愿意被人叫作胆小鬼。好在现在已经是6月末了，下了水也不会觉得太冷。加油吧，李明一边给自己打气，一边往水鬼潭那边走。

　　水鬼潭其实是一个普通的大池塘，看上去和其他池塘差不多。只是这个水塘以前经常淹死人，老人们害怕小孩子去那里玩出事，就骗他们说那水塘里有吃人的水鬼。小孩子一听，自然就离得远远的了。时间一长，这个原本普普通通的池塘被传得越来越玄乎，还得了这么一个让人毛骨悚然的诨名儿，它原本叫什么，现在已经没人知道了。当然，这些李明是不知道的，大人们也不会跟他讲。

　　李明来到水鬼潭时，狄昂还没到，他坐在水潭边的一棵柳树下静静地等。此时阳光正好，阳光照在水面上，折射出一片波光粼粼，李明走过去看，只见水底有很多水草，随着水流舒展着手臂，就像柳丝舞蹈在水间。白云倒映在水中，时不时有小鱼在水草间嬉戏，看上去就像是鱼在云中游。最近池塘里的荷叶也变得亭亭玉立了，几朵粉红的荷花颤颤巍巍地站在水中，看着就让人怜惜。

　　李明正看得入迷，就听到一个讨厌的声音在耳边响起："哈，你还真是积极。"

　　李明忙起身，没好气地看着站在一旁的狄昂。

　　狄昂挠挠头说："既然人都到齐了那就开始吧，早点弄完，我还要赶回去看连续剧呢。"

李明没说什么，开始活动手脚做准备活动，狄昂也开始做准备活动。做好准备活动后，两人对视一眼，李明没好气地说："你小心点啊，别被水鬼抓去了。"说完就先下了水，狄昂笑了笑也跟着下了水。下水后李明暗暗松了口气，还好水不是很冷。

两人慢慢向池塘对面游去，因为池塘里几乎没有急流，两人游起来并不困难。眼看快到对岸了，李明渐渐放下心来。输就输了吧，要是真的闹出人命来就不好了。狄昂边游边笑着说："小明明，你要输了哦，看来这水鬼潭就是徒有虚名嘛。"不过，任凭他怎么用激将法，李明就是不搭理他，默默地朝对岸游去。狄昂见李明不理他，也没了逗他的兴致，便也跟着往对岸游。

就在这时，狄昂忽然看到一条大鱼从眼前游过，他想也没想就跟了过去。李明上了岸，回头看狄昂，身后却没有了狄昂的踪影。李明大吃一惊，以为狄昂在和他搞恶作剧，躲到荷花丛中去了，忙扯着嗓子喊："狄昂，狄昂，别闹了，快上来我们一起回去吧。"可是不管他怎么喊，就是听不到狄昂的回应。李明心底一沉，难道狄昂真的被水鬼拖下了水。

想到这他也顾不上害怕，扑通一声跳进水里边游边找。不多时他就见前面有一个地方水波格外集中，似乎有什么在挣扎，他忙朝那边游过去。才游了一会儿，他就觉得有什么东西正在拖他的脚，那细细滑滑的触感让他毛骨悚然。他努力让自己镇定下来，回头一看，原来是水草。这里的水草已经有些密集了，一团团如同乱麻一般。在李明眼里，它们早失了飘摇妙曼的美感，而成了夺命的妖魔。

再看前面，被荷花挡住的，正不断挣扎的不是狄昂又是谁。原来狄昂看见那条大鱼后一心想捉住它，便跟着它游，哪知那条鱼飞箭一般射进水草丛中不见了踪影。待狄昂反应过来时，他已经到了水草丛中，被缠了个结结实实。狄昂看着李明也被缠住了，苦笑一声，大声喊道："小明明，看来我们要成水鬼的粮食了。我算是知道以前那些人是怎么死的了，就是被这些水鬼缠死的。"李明看了看狄昂，没说话，皱着眉头思索起来。狄昂自觉无趣，便又开始挣扎起来，企图甩掉这些恼人的水草，可水草越缠越紧，向来乐观的狄昂也觉得有些灰心丧气了。

这时就见李明忽然潜入水中，然后水波滑动，接着水面开始剧烈震动，又过了一会儿，李明从远处的水面冒出头来。他似乎松了一口气，又往狄昂这边游了游，然后对陷在水中的狄昂喊道："你潜到下面，上面看不清，你潜下去看哪里没长水草，就向那个方向游，手用蛙泳的姿势，脚用自由泳的姿势，快点。"狄昂忙潜入水中，睁大眼往四周看，终于，他发现有一个地方没有什么水草，赶忙按照李明说的方法朝那边游过去。不多时他便摆脱了水草的缠绕，来到了安全的清水区。李明见狄昂游出来了，放下心来。两人不敢再在水中逗留，慌忙上了岸。

上岸后，李明和狄昂边喘气边相视而笑。李明说："我以后再也不用性命做赌注了。"狄昂点点头，说道："我也是，你说得对，故事里的鬼怪再可怕，也敌不过现实的危险。今天要不是你找到逃脱的方法，我可就交代在这里了。"两人歇够便各自回家了。

返校日那天，寝室里又有人想听鬼故事，狄昂便小声给大家讲了一个水鬼吃人的故事，正说到凶险的地方，就听外面又传来一声吼："413，还不快睡。"寝室马上鸦雀无声。看来，413寝室在相当长的一段时间内都没机会听到一个完整的鬼故事了。

自救小贴士

游泳是非常受人喜欢的一项体育运动，它可以很好地训练人的体能，但游泳也存在各种危险。如何避免这些危险发生，当危险发生时我们又该如何自救呢？

1.游泳前一定要对水域的基本情况有所了解，不要去不熟悉的水域游泳。

2.下水后，如果水域内有水草，要尽量避开，一般来说，水色较深的地方水草便多，要注意避开这些地方。

3.如果不小心误入水草区，可以潜入水中，这样有助于找到出路。

4.被水草缠住腿后，不要惊慌，不要采用蛙泳的姿势逃离，正确的逃生方法是用蛙泳的手势和自由泳的腿部动作，这样有助于摆脱水草的缠绕，以便游到安全的地方。

洪灾来袭

虽然已经过去15年了，王梦想到那场灾难还是很后怕。以前的她最喜欢夏天，因为可以尽情地在清凉的河水里嬉戏，但自从那场灾难后，水却成了她终生难以摆脱的噩梦。

她还记得那天是8月1日，中午很热，她躺在竹床上昏昏欲睡，就见妈妈走进屋里匆匆喝了点水便又要出门。她揉揉眼，迷迷糊糊地问："妈，你去哪儿？"妈妈边擦汗边说："我去替一下你爸，他昨天晚上守了一夜，待会儿他回来了你别吵啊。"王梦点点头，皱着眉头问："又要去防汛啊，到底什么时候才能结束？"妈妈笑了笑，说道："没办法，今年的水特别大，要是决堤了可不得了。我先走啦，中午你自己去买点东西吃。"妈妈说完，便匆匆出了门。

妈妈走后，她便继续迷迷糊糊地睡，过了一会儿她被一阵脚步声吵醒了，睁眼一看，原来是爸爸回来了。爸爸昨天守了一夜，眼里全是红血丝，爸爸见王梦被吵醒了，便轻声问她："饿不饿，吃中午饭了吗？"她摇摇头说不饿，爸爸放下心来，回房间倒头睡下了。王梦这时睡意全消，她起身洗把脸，决定出去找小伙伴儿玩。

不一会儿，几个孩子便聚在一起。她们在院子里打了会儿扑克，其中一个说："你们知道吗？最近咱们这里来了不少解放军叔叔呢，都是坐着大卡车来的。"另一个说："对，我也看见了，我奶奶说他们是来帮着抗洪抢险的，晚上都是直接睡在学校里。""真的呀？"王梦好奇地问，其他几个小姑娘都点点头。

这时，又一个女孩儿说："要不我们去江堤上看看吧，我爸说水都涨到堤边了呢。"另外一个忙说："不行不行，我爸说现在不能靠近水边，那样很危险。"王梦也有些好奇，便劝道："没关系，我们又不去水边，只是远远看一眼就可以了。"先前劝阻的女孩子低头想了想，最后还是和她们一起出发了。

几个人边说边笑着往江堤走，远远地就见不少大人正在江堤边来来回回地走。王梦不解地问："他们在做什么呢？""在找漏水的地方呢，不是说千里之堤毁于蚁穴吗。那些小洞如果不及时堵上，一旦有水从里面涌出来，洪水会整个涌过来，到时候堤坝也会被冲垮。"旁边的朋友给她解释道。王梦点点头表示明白了。这时一阵风吹来，她们都闻到了江水的腥味。几个人才爬上江堤就惊呆了，只见原先还在江堤脚边的河水现在已经快漫过江堤了，似乎随时都会涌过来。王梦往远处看了看，根本看不清对岸，只见前面水天相连，灰蒙蒙一片。她心里顿时生起一阵恐惧，便往后退了一步，小声说："我们快回去吧。"其他几个人都有些惊恐，忙点点头，几个人不敢再逗留，匆匆往回走。

王梦回到家，爸爸还在睡，她轻手轻脚地走进厨房开始烧水煮面。面煮好后，王梦叫醒爸爸，父女俩就着酱菜吃面。王梦说："爸，江堤会不会垮掉啊，我刚才去看，水都快漫过来了。"爸爸沉默了一下，说："我也不确定，今年的水太大了。对了，要是水真的冲过来了，你知道怎么逃生吗？"王梦原本还指着爸爸会很肯定地告诉她洪水绝对不会过来，哪知爸爸只说不确定，她顿时觉得心凉了。虽然知道洪水的可怕，也知道自己家附近的这条江曾经发过大水，可她从来没有在意过，只觉得那些危险都离自己很远。现在，洪水随时都可能破堤而出，而她甚至还不会游泳，要怎么办才好？想到这些，她的眼圈开始发红了，要是洪水真的过来了，自己说不定会被淹死，还有爸爸妈妈，还有自己的朋友，大家要怎样才能保命呢？这些问题一个接一个地冲击着王梦的大脑，但是都没有答案，她渐渐感到害怕，最后哭起来。

爸爸原本还在等她说自救办法呢，一见她竟然哭了，顿时哭笑不得。他拍拍女儿的头，笑着安慰道："这不是还没出事么，就是洪水真的快来了，我们都会撤离的。万一逃不了，爸爸一定会保护你的。再说，还有那么多解放军叔叔在呢，别哭了啊。"王梦边抽噎边抹干眼泪，重重地点头。

这时爸爸又拉着她的手说："梦梦，你听着，如果洪水真的冲过来，爸爸妈妈又不在身边，你一定要想办法活下去。"王梦一脸茫然地看着爸爸，爸爸叹口气，对她说："你要多注意周围的动静。如果有人喊决堤了，你一定要赶快往高处跑，你不会游泳，千万不要让自己掉进水里。如果真的落水了，一定要抓住身边的木板什么的，靠这些东西的浮力浮在水面上。待会儿爸爸会给你打包一个小应急袋，万一出事了，你一定别忘了拿上它。"王梦重重地点点头。

父女俩飞快地吃完饭，爸爸让王梦帮着找东西，有矿泉水、手电筒，等等。王梦不解地问："找这些东西做什么？""这些都是必备的，如果不小心被困住了，没有饮用水撑不了多久的。"爸爸边将东西放进包里边解释，"不可以喝河水吗？"王梦问道，顺手往包里放了两包压缩饼干。"千万不能喝河水，河水里面不知道有些什么。"爸爸着重强调，王梦点头表示记住了。收拾好东西后爸爸又嘱咐几句就出门了。王梦在家无聊地看着电视，几乎所有的频道都在说这儿的大水。她换了几个台，觉得没意思，便拿出暑假作业开始写作业。

一直到晚上7点多，爸爸妈妈都没有回来，不过王梦已经习惯了，她草草地吃了点饭，洗过澡后便开始看电视。过了一会儿，她听到外面传来吵闹声。王梦心一惊，来不及确认，忙把爸爸下午打包好的小袋子背上爬上二楼。这时，家里的灯一下子熄了，然后就听江堤那边传来一声凄厉的惨叫声，之后便是巨大的水流声。王梦心一沉，真的出事了，她的爸爸妈妈还在江堤上呢，她转身就想下楼去找爸爸妈妈，这时爸爸的话在她耳边响起："往高处爬，不要慌。"她努力让自己冷静下来，背着小包顺着梯子爬到屋顶。

　　她趴在屋顶上，稳住身子，努力朝江堤那边看，隐隐约约地只能看到翻滚的江水，四处都是人们的哭喊声。她试图从各种尖叫哭喊声中辨别出自己父母的声音，却一无所获。冰冷的江水已经冲到她这边，听着流水拍打墙壁的声音，她只觉得浑身发冷。她摸摸背着的小包，从里面找出手电筒往四周照，目之所及是一片泽国，自家搭的小牛棚现在只能看到顶了。一阵风吹来，王梦打个寒战，虽然现在是8月，她却感到了彻骨的寒冷。心里一冒出冷这个念头，她就愈发觉得冰冷彻骨难以忍受。怎么办？是继续待在屋顶上还是下楼去拿衣服？王梦左思右想，最后一咬牙决定回二楼拿一些保暖的衣物。她打着手电筒小心翼翼顺着梯子爬下去，这时水已经完全淹没了一楼，正在往二楼涌，她顾不上害怕，跌跌撞撞地跑进房间拉开衣柜摸衣服，眼见水慢慢没过她的脚背，顺着腿慢慢往上爬，她愈发慌张，随便抓了件外套就匆匆忙忙往外走。水涨得很快，很快她的小腿就都浸在水中了。她好不容易走到梯子边，才爬了一半，脚下便一滑，她一下失去平衡重重地摔进了水里。

　　"咳……咳……"王梦边咳嗽边从水里爬了起来，她再次抓住梯子，想往上爬，却因为恐惧四肢瘫软，怎么也使不上力。这时水已经涨到她大腿了，而且流速越来越快。她抱着梯子，绝望地哭了。就在她手足无措时，一个让她振作精神的声音在外面响起："梦梦，你在哪儿？"是爸爸，是爸爸的声音。王梦激动地大喊道："爸爸，爸爸，我在这里，我在二楼的梯子这里。"
不一会儿，她就看见一个高大的身影朝她这边移过来了，然后紧紧抓住她。她看着爸爸，忽然很想大哭，但他们根本没有时间悲伤，水还在上涨，他们必须赶快往高处爬。王梦小声地问爸爸："我们去屋顶上吗？"爸爸摇摇头："不行，这水涨得太快了，说不定待会儿整座房子都会被淹没，我们要爬到树上去。"说着，他将梯子取下，放在水中，让王梦半趴在梯子上，两人随着水流漂了出去。

不一会儿两人漂到一棵大树边，爸爸一把拽住树，然后让王梦往上爬。王梦虽然是女孩子，小时候却皮得很，所以爬树对她来说倒不是什么难事，只是她现在在水中，脚不沾地，根本没有着力点。正着急呢，就见爸爸拉着她说："别怕，我在下面托着你，你快点爬上去。"王梦忙点点头，在爸爸的帮助下抱着树开始慢慢往上爬，过了一会儿她已经离水面有两米多高了，她边爬边喊："爸爸，你快上来啊。"可是爸爸已经没有什么力气了，他抱着树稳住身子，连声让女儿再往上爬。这时一个浪头打过来，爸爸一个趔趄松开了抱着的树，落到水中，他忙抓住从家里带出来的梯子，又一个浪头过来，他和梯子一起被卷走了。

王梦只听爸爸喊着让她抱紧树，之后就再也没有声响了。王梦在树上哭起来，爸爸不见了，该怎么办？她又累又困，却丝毫不敢松懈，只要精神一垮，她马上就会掉下去淹死。想到这她狠狠地咬了咬树皮，让自己保持清醒。过了一会儿，她觉得脚下有些湿，想来是水又涨了，她忙继续往上爬，好在这棵树很高，她还能支撑一阵子。饥饿、疲惫不断向她袭来，她努力爬到一个粗壮的枝杈上，分腿坐在树上，然后从背后的包里摸出中午放进去的饼干，小心地撕开包装，小口小口地吃了起来。不知道会被困多久，她不敢一下将食物全吃完，吃个半饱便又把饼干包好放回了背包。

这时，她忽然摸到一个硬硬的东西，她仔细摸了摸，发现那是一个哨子。真是太好了，她现在嗓子完全哭哑了，根本没有力气喊救命，一吹哨子解放军叔叔一定能找到她。正当她为自己的发现感到高兴时，忽然一个冰凉的触感攀上了她的脚，然后继续往上爬。是蛇，是蛇啊！

大量的蛇顺着树干往上爬，它们从她身上爬过，那让人毛骨悚然的触感，让这个12岁的小姑娘几乎崩溃。王梦丝毫不敢动弹，只是在心里一遍又一遍对自己说："我要活下去，我要活下去，我只有活着才能找到我的爸爸妈妈。"就这样，她和一群蛇在树上度过了终生难忘的一夜。那一夜，她根本不敢休息。天渐渐亮了，她坐在树上，看着眼前的一切，只觉得自己仿佛置身地狱。随着波浪漂浮着的尸体，昨天还是鲜活的生命。这里面，有她的乡亲，有她的朋友，甚至，还可能有她的至亲。

救援人员用喇叭高声呼喊着，王梦从悲痛中回过神来，她用僵硬的手指掏出了哨子，哆哆嗦嗦送到嘴边，然后用尽全力吹起来。尖锐的哨声划破水面，向四周散开。远远的，她看到冲锋舟正朝她驶过来，上面站着她熟悉的亲人和解放军叔叔。

被抱上冲锋舟后，王梦便晕过去了，她太累了，需要好好休息。

自救小贴士

人们常常用洪水猛兽来形容某种危险的事物，但事实上，洪水远比猛兽危险。洪水来袭，倾毁城池，吞噬生灵。我国江多河多，千百年来洪涝灾害一直威胁着人们的生命与财产安全。洪涝来袭，我们该如何应对、如何自救呢？

1.在洪水到来前，按照预先制订的方案有序撤离，不可贪恋财物，人生在世生命最珍贵。

2.如果来不及撤离，要尽量往高处逃，可以爬上屋顶、较高的建筑物或者粗壮的树木。

3.在逃跑前一定要携带一定的御寒衣物和干净的饮用水，千万不要饮用洪水。

4.如果不小心落水，一定要找到木板等能够漂浮在水面上的物品，这有助于让你漂浮在水面不至于沉入水中溺亡。

5.在洪水不断上涨的情况下，随身带口哨，这样可以及时吸引救援者的注意。如果没有口哨，舞动旗子和衣服也可以传递求救信号，需要注意的是，最好用颜色艳丽的衣服或旗子，这样可以迅速引起救援者的注意。

6.保持冷静，相信自己能获救，千万不要放弃。

海啸袭来如何自救

2004年的12月26日，英国小女孩蒂尼和妈妈一起在印度的一个小岛上度假。碧蓝的天空和海水，金色的闪闪发光的海滩，还有美丽的贝壳和漂亮的小石头，都让蒂尼兴奋不已。她一会儿追着海鸟，一会儿撵着螃蟹，还学着螃蟹的样子横着走路，把坐在沙滩椅上的妈妈逗得哈哈大笑。她正要喊妈妈一起来玩，忽然觉得海水有点奇怪。她好奇地看着阳光下波光粼粼的海面，不一会儿，忽然变了脸色，跌跌撞撞地朝妈妈跑去。妈妈一见女儿脸色都变了，以为她被螃蟹夹伤了，忙起身迎上，一把抱起她问："怎么了？宝贝儿，是不是螃蟹夹到你了？"蒂尼摇摇头，焦急地对妈妈说："妈妈，我们快逃，海啸要来了。"妈妈诧异地看着平静的海面，有些怀疑地看着女儿，说道："不会啊，你看，一切正常嘛。"

177

　　蒂尼见妈妈不信，急得眼泪都掉了下来。她拉着妈妈的手说："我们老师说过，海滩上如果忽然起泡泡，然后有浪拍过来，就是要发生海啸，妈妈我们快去告诉大家。"妈妈回头一看，果然，海滩上不断地冒出小泡，还有浪不断拍过来，也变了脸色，忙抱着蒂尼朝人群走去。不一会儿"海啸要来了"的消息传遍了整个海滩，人们都将信将疑，蒂尼的妈妈也来不及解释，抱着女儿迅速往安全区域狂奔，这时有一些游客跟着她跑，最后，连不明情况的人也跟着跑起来。几分钟后，所有人都跑到了安全区域。

　　他们刚停下来，就听到身后传来惊天动地的海浪声。他们循声往后一看，差点被吓晕过去，只见一个又一个巨大的海浪狠狠地朝海滩拍过来。他们刚才落在海滩上的沙滩椅、遮阳伞，都被卷得一干二净，而海滩上摆的临时饮料铺也被拍得粉身碎骨。惊魂未定的人们面面相觑，都在对方眼中看到了后怕，要不是小女孩儿出声提醒，他们只怕都得死在海啸中了。他们涌向蒂尼，向她表示感谢："孩子，你是上帝派来救我们的天使啊。"蒂尼有些害羞地低下头，接受了人们的感谢和祝福。

　　后来他们才知道，这场海啸夺去了15万人的生命。而当巨大的海浪拍打蒂尼他们所在海滩的同时，也造访了印度的邻国泰国。海啸来临之前，也有一些人提前避开了，他们就是"摩根的流浪者"。摩根的流浪者终生都和海打交道，没人比他们更了解大海的喜怒无常。他们的祖先曾经给他们留下了这样一条祖训：如果海水以异常的急速飞快退去，那么它将以同样的速度造访大地。摩根的流浪者们正是因为见到了海水的异常，才在海啸到来之前退到了高山上。

没有什么灾难是毫无预兆忽然发生的，千百年来，被各种苦难折磨的人们总结了一条又一条经验来预测灾难。虽然随着时代的变迁有些方法已经过时或者不那么灵验了，但是细心而又慎重的人还是可以通过这些征兆做好避险准备，在危难中保全自己的性命。蒂尼的预测知识来源于课堂，摩根的流浪者们则是凭借祖先遗留下来的训言，那么，我们可以凭借什么呢？下面就给大家介绍一些常见的灾难征兆。

自救小贴士

1.地震前的征兆

地震是十分剧烈的地质活动，征兆也比较明显，我们比较容易注意到的有如下一些异常现象。

（1）地下水异常：地下水包括井水、泉水等，主要异常有变混浊、冒泡、翻花、升温、变色、变味、突升、突降、井孔变形、泉源突然枯竭或涌出等。

（2）生物异常：许多动物的感觉特别灵敏，它们能比人类提前知道灾害的发生。地震来临前，动物们都会或多或少出现异常，具体说来，有如下一些表现：冬蛇出洞，鱼跃水面，猪牛跳圈，狗哭狼吼，鸡鸭不进笼，猫狗叼着幼崽外逃，老鼠白天成群出洞等。要注意的是，这些现象如果只发生了一种并不一定是地震，如果以上情况同时发生了好几种，就一定要引起警惕。

（3）气象异常：地震之前，气象也常常出现反常，主要有震前闷热，人焦灼烦躁，久旱不雨或淫雨绵绵，黄雾四塞，日光晦暗，怪风狂起，六月冰雹，等等。如：浮云在天空呈极长的射线状，射线中心指向的位置就是中心地震的位置，这样的射线云很容易被人们观察到。

如果这三种情况同时发生，一定要提高警惕，及时撤离到空旷的地方去，远离建筑物。

2.海啸前的征兆

海啸登陆前的征兆很明显，主要说来有以下4种表现：

（1）海水异常暴退或暴涨。

（2）离海岸不远的浅海区，海面突然变成白色，其前方出现一道长长的明亮的水墙。

（3）位于浅海区的船只突然剧烈地上下颠簸。

（4）突然从海上传来异常的巨大响声，在夜间尤为令人警觉；大批鱼虾等海生物在浅滩出现；海水冒泡，并突然快速倒退。

发现以上这些征兆时，要迅速撤离到高处的安全区域。

3.雪崩前的征兆

雪崩，是指高山积雪忽然崩落的现象，它是一种严重的自然灾害。如果不及时逃脱，人很可能被雪活埋。发生雪崩前，通常有以下几种现象：

（1）在山腰行走，听到冰雪破裂声或隆隆的声音。

（2）冬季山区大量降雪并伴有大风的天气。

（3）春天雪溶化的时候，树木少而且坡陡的地方容易引发雪崩。

（4）积雪在30°至60°斜坡上，并且表层的积雪出现粗糙状的冰块。

遇到雪崩，切勿向山下跑，雪崩的速度可达每小时200千米，人的速度不可能比雪崩的速度快。而应该向山坡两边跑，或者跑到地势较高的地方。在积雪破裂使你跌倒之前，迅速以45度角向下侧方逃离雪崩板块。如果不幸快被雪淹没了，一定要闭口屏气，因为气浪的冲击比雪团本身的打击更可怕。如果雪崩不是很大，可以抓住树木、岩石等坚固物体，待冰雪泻完后便可脱险。如果被冲下山坡，一定要设法爬到冰雪表面，同时以仰泳或狗刨式泳姿逆流而上，逃向雪流边缘。压在身上的冰雪越少，逃生的机会就越大。另外，如果跌倒、翻滚，要抓住树干或者其他安全的物体，采用游泳姿势，尽力保持浮在流雪上面。当流雪减速时，要及时清理自己的呼吸通道，努力把一只手伸出雪面，保持镇定，等待救援。

化工污染需理智

说到云，我们首先想到的是白白软软飘浮在空中的云彩，它们时聚时散，拼凑出各式各样的美丽图案，十分惹人喜爱。但是你知道吗？云也可能要人命，更准确地说，是有毒的云状气体可以瞬间夺人性命。张婷婷就遇到了这样一朵可怕的云。

张婷婷家在农村，那原本是个空气清新、环境优美的好地方，可自从附近搬来个化工厂后，水也脏了，树也死了，空中常常弥漫着恶臭味，把好好一个地方弄得乱七八糟。村民们虽然在抱怨，却也无可奈何，那化工厂还是每天都排放废气。

这天，张婷婷一大早就起床了，因为今天是返校日，她要早点收拾好东西去赶早班车。三两下整理好东西后，张婷婷背着包刚迈出家门，就听到化工厂那边传来一阵巨大的爆炸声，然后便是刺耳的气体外泄声。与此同时，张婷婷闻到了一股刺鼻的气味，顿时觉得胸闷气短，她忙跑回屋子关上门。这时被爆炸声吵醒的爸爸妈妈也起来了，妈妈问："怎么了？"张婷婷说："可能是化工厂那边爆炸了，毒气已经飘过来了，快，快用毛巾捂住口鼻。"

爸爸还想出去看，张婷婷一把抱住爸爸，说道："不行，我只是吸了一点都觉得头晕，现在不能出去。"爸爸没办法，只好和她们一起去拿毛巾口罩捂住口鼻，又将门和窗户都紧紧关上。爸爸站在窗户那儿往外面一看，不少人都倒在地上，他吓了一跳。他又往天上看，只见一团黄黑色的云正往这边飘过来，屋子里的异味也越来越重，不行，他们不能再待下去了。一家人正要往外跑，爸爸忽然拉住他们："去找塑料袋来套住头，那烟有毒，小心把眼睛熏瞎了。"张婷婷和妈妈都觉得有道理，忙找来塑料袋套在头上，爸爸还找出家里打农药时的防毒面罩给张婷婷戴上。三人准备好后打开屋门冲了出去。外面很多人也慌忙逃命，只是他们也不知道该往哪里逃，跟没头苍蝇一样到处乱撞，更恐怖的是，不断有人倒下，然后就再也不动了。

张婷婷看着眼前这宛如人间地狱一般的画面，吓得哭都哭不出来了。要怎么办？怎样才能逃脱死神的魔爪？她看着空中那团黑云，急得浑身冒汗。这时她忽然想起以前在书上看过，发生火灾时躲避毒烟要朝背风区跑，不知道能不能在这里用。这时一阵风迎面吹来，那团黑云果然朝这边移来。张婷婷不再迟疑，直接拉着爸爸妈妈朝黑烟所在的方向冲去，她边跑边示意大家跟上，村民们见了也跟着跑了起来。最后，他们终于摆脱了那团恐怖的云。

这次爆炸，张婷婷他们村死了二十多个人，都是中了毒烟被毒死的。化工厂的负责人被抓了，死者家里也收到了赔偿，化工厂被拆了个彻底.但那又怎么样呢？那二十多条无辜生命就这样没了，他们家庭承受的痛苦是用任何东西都弥补不了的。

自救小贴士

近几年来，化工厂的污染问题越来越受到人们的关注，废气、废水和废渣都会对人体健康造成损害。面对毒烟来袭，我们该如何应对呢？

1.毒烟来袭时，不要惊慌乱跑，保持冷静，不要高声呼喊，以免毒气通过口腔进入体内，要听从指挥有序撤离。

2.如果已经被毒烟包围或者没能及时撤离，要立即屏住呼吸，用毛巾、口罩或衣物捂住口鼻，如果有防毒面具就更好了。要注意的是眼部也需要防护，可以用透明的塑料袋或者纱布挡住眼部，以免毒烟接触到眼睛。

3.如果被困在室内，一定要迅速关紧门和窗，还要把缝隙用胶布封上，以免毒烟从门缝进入房间。

4.如果逃到室外，要迅速辨别风向，然后朝上风向（即风吹来的那个方向）跑，这样可以摆脱毒烟。

5.脱险后要立即将中毒的人送往医院进行急救。

避免狗狗攻击

今天天气晴朗，万里无云，是踏青访友的好日子。然而，我们的主人公陆虎现在可顾不上欣赏这明媚的春光，他现在正用尽全力向前奔跑，他发誓他这辈子就没跑过这么快。不不不，他并不是在参加赛跑比赛，而是在逃命。在他身后不远处，有一只狗，高大威猛，目露凶光，正直直地朝陆虎冲过去。

陆虎边跑边大喊："陆阳，我恨你，我就是做鬼也不会放过你的！"

在他前方不远处，一个声音传过来："虎子，我真的不是故意的。啊，啊，啊，啊，快追上了，救命啊。"原来在他前方，还有一个急速奔跑的少年，就是他让两人陷入了如此险境。

少年名叫陆阳，是陆虎的堂哥。两人相差不到一岁，性格却完全不同。陆虎文文静静的，跟个女孩子一样，又听话又懂事，妈妈常常笑他是投错了胎。陆阳则风风火火，调皮捣蛋，从小到大闯过的祸不计其数，让大伯大妈头疼得不行。虽然性格完全相反，两人的感情却很好，毕竟从小一起长大。这不，陆虎见今天天气不错，就约陆阳一起去看爷爷奶奶，陆阳一口答应了，但说要换条路走。陆虎一脸不解，他们平时常走的那条路是最近的，为什么要特地绕远路。陆阳装模作样地说是为了看看不同的风景。

一派胡言！陆虎在心里呐喊，什么"不同的风景"，根本就是为了来逗人家的狗！陆阳你这个混蛋！

原来两人出发后不久，陆阳就加快了脚步，陆虎提着给爷爷准备的水果跟在后面。走到半路，陆阳忽然一拐弯朝一个院子走去。陆虎大惑不解，喊道："陆阳你干吗？还没到呢。"陆阳神神秘秘地冲他招招手，小声说道："我当然知道没到，你小声点，快来看。"

陆虎好奇地走过去，就见眼前有一个简易的狗窝，里面正趴在五只呼呼大睡的小狗崽。哇，真可爱，陆虎蹲下来细细打量这些小肉团，它们似乎还没满月，一个个闭着眼睡得正香。忽然，其中一个动了动，闭着眼仰着头闻了闻，然后又摇摇晃晃爬回去，拱开了自己的兄弟姐妹，将自己埋进了最暖和的地方。看到这一幕，陆阳和陆虎都被逗笑了。这时陆虎忽然觉得有些不对，问道："母狗呢？"陆阳毫不在意地说："可能找吃的去了，管它做什么，你看那只白的，好胖啊，一定最会抢食。"

陆虎看了一眼，确实很可爱，不过，他们该走了。想到这里他拉了拉陆阳，说："好了，走吧，待会儿母狗回来了就不得了了。"陆阳显然还没看够，还伸出手想去摸摸那些粉嫩嫩的小肉团。这时，就听身后传来了"呜呜"的低沉吼声，那是狗发出警告时的声音。陆虎和陆阳回头一看，一只白色大狗正盯着他们！

虽然看不懂狗的表情，但陆虎觉得这只狗现在火气非常大，来不及多想，他一把拉起陆阳，喊道："快跑！"说完便撒丫子往公路那边跑。母狗先跑回自己的窝里看了一眼，然后凶神恶煞地追上来，之后，便出现了本篇开头的那一幕。

陆虎身体素质一般，这么玩命地跑，不一会儿就觉得累得不行，嗓子火辣辣地疼，力气也一点一点地流失。他快跑不动了，但那条狗还在后面穷追不舍。他想起前不久新闻上的报道，说是有藏獒将小女孩撕碎了，还有狗咬死了老人。难道，这次轮到他了吗？啊，啊，啊，我还不想死啊，陆虎几乎泪奔，但是他是真的跑不动了。算了，死就死吧，被咬死也比累死好。他腿脚酸软，自暴自弃地想，然后猛地停住了脚步。陆虎闭上眼，静静等待母犬扑上来的那一刻，"再见了！爸爸妈妈。"陆虎在心中说。然而，预想中的疼痛没有发生，狗叫声离他越来越远。他睁开眼一看，发现母狗正在追陆阳。

陆虎简直不敢相信，为什么不追他了？难道母狗睿智地意识到陆阳才是"罪魁祸首"。陆虎来不及多想，因为眼看着陆阳就要被追上了，怎么办？对了，之前看电视的时候，除了人被咬死、咬伤的新闻，电视中还有教自救的方法，这时候要怎么做呢？

陆虎朝陆阳那边跑边努力回想。"啊，有了，立马停止奔跑，因为狗更喜欢追移动的目标。"想到这陆虎也不敢跑了。他

189

大声冲陆阳喊道："陆阳，快停下，别跑了，你越跑狗追得越凶。"陆阳这时候也跑得快虚脱了，心中默想：这狗也就是一般的"中华田园犬"，怎么这么能跑，累死小爷了。听陆虎在后面这么一喊，他马上停住了脚步。那狗也停了下来，冷冷地看着陆阳，开始围着他绕圈。陆阳顿时有种泪流满面的冲动，老大，你是在考虑从哪里下口比较好吗？

陆虎见狗没有直接咬上去，稍稍放心一点，可是这么僵持着也不是办法，要想办法脱身。陆虎慢慢往那边走，边走边努力回想新闻上说的自救办法都有哪些。

"用手护住头和脖子？"不对，这是在狗扑过来的时候用的。

"蹲下身子装作捡石头？"可不是所有狗都吃这一套啊，万一动作幅度过大激怒了它，说不定真的扑过来了。

"大声呼救？用木棍指着狗的嘴？"这个好像可以。陆虎左右看看，不远处有一根木棍，他忙小步挪过去将棍子捡起来。这时，那边的狗已经没有什么耐心了，眼看着就要朝陆阳扑过去了。陆虎将手里的木棍用力一扔，狗看见飞远的木棍马上像离弦的箭一样冲了过去，陆虎忙大喊："快跑。"说着便转身往公路边上的居民家跑，陆阳忙跟上。

他们同时看到有一户人家开着门，忙跑进去。屋主是个老奶奶，拿着篮子吃惊地看着他们。陆虎忙说："奶奶，外面有只狗在追我们，我们可以在这躲一会儿吗？"老人愣了愣，笑着点点头。陆虎和陆阳趴在窗户边悄悄往外看，只见狗咬着木棍在周围转了几圈，然后走掉了。

　　老奶奶看了一眼离开的狗，对他们说："小花最近刚下崽，难怪这么凶，它平时很乖的。"陆虎好奇地问："奶奶，您认识那只狗啊？"老人笑着点点头说道："它以前常常到各家去串门，大家都认识。不过，它最近下了崽，就没怎么过来了。你们以后千万别去惹刚下崽的猫和狗，它们很护犊子的，会变得很凶。"两人忙点点头。然后，二人告别了老人，乖乖地朝爷爷家走去。

自救小贴士

　　狗忠诚勇敢，是人类的好朋友。可是因为言语不通，很多时候人都没有办法领会狗狗的意思，一些无心的行为更是会激怒它们。为了避免被攻击，我们在日常生活中一定要尽量远离陌生的狗狗，不要擅自进入它们的"领地"，更不要故意吓唬狗，因为这样它一定会出于自我保护而对我们发起攻击。那么，万一不小心激怒了狗狗，遭到它的攻击，应该如何自保呢？

　　1.被追赶又没有可以躲避的地方时，要立即站着不动，因为狗喜欢追移动的目标。

　　2.不要蹲下。虽然民间流传被狗追的时候只要蹲下狗就会自动离开，但是这并不适用于所有狗。如果是胆小的土狗可能会离开，但如果是很凶的烈性犬，这样做反而让它更容易袭击人的头部和颈部，所以，千万不要蹲下。

　　3.大声呼救。如果狗主人在场你获救的概率会增大。

4.如果狗主人不在场而你又没有办法躲避，可以拿着一根木棍指着狗嘴，这样可以增大你和狗之间的距离，在一定程度上确保自身的安全。

5.如果你连木棍也没有办法找到，那一定要在狗扑过来前护住头部和脖子等重要部位，否则，你将不仅仅是被咬伤，而很可能被咬死。

6.被狗咬伤后一定要迅速去医院注射狂犬疫苗，哪怕只是很细微的伤口，或者没有伤口，都要去医院检查。